天敵と農薬

ミカン地帯の11年 [第二版]

大串龍一 著

海游舎

目次

序章　この本を読まれる人たちのために……1

第1部　果樹農業の現場で

1章　ミカンの実を読む……17
2章　素人技術者としてミカン地帯へ……28
3章　ヤノネカイガラムシとの闘い……42
4章　天敵と農薬……54
5章　ミカンナガタマムシの大発生……67
6章　ビワ地帯……83
7章　ビワのもんぱ病……91
8章　雲仙岳の麓で──トマトを襲う夜蛾……104

9章 熱帯アジアの国で ── 2人の篤農家 …… 116

10章 ミカンのもんぱ病 ── 技術指導の誤りとその責任 …… 130

11章 無病の島づくり ── 宇久島のかいよう病根絶計画 …… 142

12章 干ばつの年 ── 1967年 …… 152

13章 海と豆 ── そばかす病の発見（1968年） …… 160

14章 がんしゅ病とビワの薬害 …… 168

15章 農薬を減らすために …… 179

第2部 「病虫害とは何か」を考えながら

16章 害虫と虫害 ── ヤノネカイガラムシとミカンハダニの被害とは …… 195

17章 若葉のいのち ── ミカンの若枝に集まる虫たち …… 205

18章 害虫の被害とミカンの木 ── ミカンの木の「自然」とは …… 217

19章 害虫とただの虫 ── 3種のロウカイガラムシの比較 …… 231

あとがき …… 245

序章　この本を読まれる人たちのために

この本の初版『天敵と農薬』1990、東海大学出版会）は私が60歳になったときに出したものである。その出版のいきさつについては、初版の「まえがき」(第二版では「あとがき」に移した）に書いておいたが、当時は大学に在職中でひどく多忙であり、内容も十分には整理できておらず、特に後半は不完全なものだった。自分自身としてもこの本をもう少しよい形で残しておきたいといつも感じていた。

第二版ではもう少し読みやすいように、特に農業の現場とかかわりがないが環境問題や食品汚染に関心をもつ方々のために、この問題の導入部として「序章」を付け、さらに初版では分けていなかった1～19章を第1部と第2部に分けた。

第1部は、私が農業を全く知らない素人技術者として長崎県の農村に入ってから11年、次々に起こってくる現場の農作物病害虫問題に対応して、農民や現場の農業指導員の方々に教えられながら、無我夢中で働いていたときの記録である。

第2部は私が長崎県の果樹の試験場で行っていた研究についてまとめた。農業の現場に入ったとき、私はそれまでに生態学の研究者として学び、考えてきたことを、農業の現場と結びつけたいと考えていた。私の本来の業務は目の前に発生している、この被害はどんな害虫・病原菌あるいはその他の原因で生じたのか、この病

1　序章　この本を読まれる人たちのために

気にはどの農薬がよく効くのかといった当面の問題の解決である。しかし私には農業病害虫とは本質的に何か、その防除とはどんな行為であるかという疑問がいつもあった。第１部で書いたような現地の問題の対応に追われながら、私は地方自治体の試験場の職員としては少し風変わりな角度から、試験研究を進めていた。当時の県立農業試験場ではこうした試験研究も可能な寛容さがあったことを、私は今でも感謝している。

この『天敵と農薬』の初版を出した１９９０年に比べると、日本あるいは世界の農業と農薬の状況は大きく変わってしまった。日本でも食品の安全性についての関心はかえって乏しくなってきたが、農業に携わっている人の減少とともに、農業の実際あるいは農薬についての一般常識は目立って高まってきたが、農業に携わっている人の減少とともに、農業の実際あるいは農薬についての一般常識はかえって乏しくなってきているように感じられる。

農業生産者の専門化による生産効率の上昇はあるが、効率的な農作が難しい山間地の耕地の放棄、里山に代表される耕地・山林・草地・溜池（ためいけ）や流れの生態的土地管理の衰退は、日本の農業を大きく変えている。

長い目で見た世界的な耕地、放牧地の限界と、水不足、世界の人口の増大から、わが国の食糧不足の問題が近い将来に危機を迎えようとしているのに、食品の安全性が論じられる場合には必ず無農薬あるいは減農薬栽培が取り上げられる。もし本当に食糧不足の時代がきたときに、食糧生産を確保するために病害虫による減収（特に病害虫の異常多発の場合の）をいかに防ぐか、それが農薬を使用せずに可能か、もっと真剣に考えておくことが必要になるだろう。

食糧というものは単なる商品ではない。現在、世界に流通している商品の大半は、われわれが自分の生活のなかで我慢すればなくてもすむものであるが、食糧はなくてはならない。食糧がなければ我慢してすむものではない。食糧がなければ人は１０日あまりで生きられなくなる。その点で食糧はわれわれの生命そのものである。近年、世界的に見て食糧生産が向上して食糧問題はあまり心配する必要がないという論議もあるが、これには食糧生産に大きな影響を及ぼすような災害が今のところ少ないことと、現在の農業技術には自然環境の面から見て本当に持続可能な方法

序章　この本を読まれる人たちのために

で行われているかどうか疑わしいと思われるので、今後の日本と世界の食糧供給について必ずしも安心できるとは言えない。

この『天敵と農薬』を再版するにあたって、農薬についてごく一般的な常識をもう一度ここでまとめて書いておきたい。

農薬問題を解説する場合、
(1) 農薬というものの一般的な常識
(2) 農薬がもたらしたさまざまな自然・社会的影響

の二つの面についてまとめておく必要がある。ここでは主に前者について解説する。

農薬とはどんなものであるか

農薬と言えば広い意味では農業に使用される化学薬品すべてを指すが、化学肥料、土壌改良剤、植物成長促進剤などは別にそれぞれの名で呼ばれることが多いので、ふつうは病害虫・雑草防除に用いられる薬剤と、それらの効果を有効に発現させ、あるいは利用しやすくするために添加される薬剤を指している。ここでは添加剤については述べない。

殺虫剤、殺菌剤、除草剤のほとんどは有害動物（害虫、害獣など）、植物病原菌（糸状菌、細菌など）、雑草などの生理作用を阻害する毒物であり、対象の病害虫・雑草だけでなく人間、家畜、野生動植物、農作物、一般微生物に対しても有害な生理作用をすることが多い。毒物ではなく健康への影響が少ない誘引剤、忌避剤、「鳥もち」のような粘着剤などもあるが、それらの使い方はそれぞれに特異的で、ふつうの農薬のように器具・機械が共通で使用法が簡便ではないので、特殊な場面だけで使われている。

3　序章　この本を読まれる人たちのために

農作物病害虫とそれ以外の病害虫

ここでは農薬を使用する対象となるいわゆる病害虫について、簡単にまとめる。本来から言えば農薬使用の重要な対象となる雑草についても述べる必要があるが、この本では雑草防除の問題には触れていないのと、雑草に触れると問題がさらに多岐にわたって複雑になるのでここでは除外する。

農作物病害虫

農耕地に栽培されている栽培植物の病気や害虫。一部に牧草地あるいは採草地の飼料植物を害する病害虫を含む場合もある。貯蔵中あるいは輸送中の農産物、家畜飼料を害する害虫や病気はかなり性格が違っているので、食品管理の面から考えるほうがわかりやすい。病害虫の種や害の出方は、社会環境や農業形態の変化とともに、時代を追って大きく変わってきている。

森林病害虫

林木、山野にある有用植物を害する病気や害虫。病害虫としては農作物病害虫と同じようなものであるが（クマヤシカなどの害は森林で大きな問題となるが）防除対策が農作物の場合とかなり異なる。農耕地の病害虫はその害を少なくするように濃密な管理をするが、森林の被害は自然現象の一部として、あまり大きくならないうちは放置し、大きな害が発生する場合にだけ防除することが多い。

都市樹木病害虫

ふつうは森林病害虫の一部と考えられていたが、都市公園、街路樹、庭園など、森林とかなり異なる管理をしている市街地の植物の病害虫が、近年大きな問題となってきた。大都市にかぎらず地方の町や村の庭園や公園でも病害虫そのものは同じであるが、大きな都市の場合には地方の町や村と違った対応が必要になる。芝生

序章　この本を読まれる人たちのために　　4

衛生害虫（生物）

ある種のアブのような吸血する虫、蚊のような伝染病を媒介する虫などのほか、人間の病気の中間宿主となる動物などさまざまな形で人間に害をする動物を指している。植物などでは人体に害をするものは医学のほうで取り上げられていて、衛生動物とは別の立場から対応される。近年、大きな社会問題となっている花粉症なども、広い意味ではここに入る。家畜などの有用動物にも同様な有害生物は多く、ふつうは獣医学で取り扱われている。

不快昆虫（生物）

従来は衛生動物の一部として処理されてきたが、本来はかなり違った問題である。人に直接の危害を与えるものではないが、心理的に不快に感じられて何らかの対応が必要とされるものである。都市化が進んで多くの人が野生生物に触れる機会が少なくなるにつれて、この問題が取り上げられることが多くなった。人間の「快適な生活」についての考え方あるいは感じ方の変化とかかわってきている。

農薬の使われ方

剤型と使い方

人の服用する薬にも粉剤、粒剤、液剤、錠剤などいろいろな形のものがあるように、農薬にもさまざまな形のものがあった。しかし使用するときの便利さから、しだいに水に溶かして使う液剤の形になっていったのが、この本で取り上げた1960年代である。今ではある程度以上大きな規模の農薬使用ではほとんど液剤である。

この剤形は使用する器具・機械にも変化と発達をもたらした。はじめは手撒きのものが手動式散布器具、小

型の動力散布機械から、しだいにこの本で取り上げた大型散布機械の定置配管式散布施設、スプリンクラー、スピードスプレヤー、軽飛行機、ヘリコプター（有人式、無人式）などとなっていった。散布器具、機械は農薬使用のうえから非常に重要な役割をもっているものである。農薬の効き方、薬害や環境への悪影響の現れ方などは、防除器具・機械とその使い方によって大きく変わってくる。

農薬の効果と害

農薬の効果

農業生産者の立場からすれば農薬を使う本来の目的は、害虫をどのくらい殺したかとか、病原菌の密度をどのくらい低下させたかということではなく、その作業によって生産された農産物の収量あるいは品質がどのくらい向上したかである。さらに言えば、防除作業にかかった費用（ふつうは農薬代、器具・機械の燃料費や償還経費、労力などの直接経費であって、家計や環境などに及ぼす長期的な損益は入れられていない）に対してどれだけの利益が上がったかである。さらに自家消費と販売の両面から考えて、いろいろな条件が入ってくるので、簡単には決められない。

農薬を使わずに病虫害の発生を放置した場合の、農作物の減収率は一般に20〜30%と言われている。品質・品位の低下による販売価格の低下で引き起こされる損害はもっと大きなことがある。さらに異常気象その他で起こる病虫害の大発生では収穫がほとんどなくなることもある。日本の歴史のなかでもウンカの大発生によって起こったとされる凶作による亨保17年（1732年）の大飢饉(ききん)が有名である。今後も起こる可能性があるこのような非常事態の応急策としては農薬による防除以外の対策が考えられないこともあるかもしれない。

序章　この本を読まれる人たちのために　6

農薬の害

人体の健康に及ぼす害

● 急性毒性

人の口に入ったり吸い込んだりしたら、短時間のうちに死亡したり体調が悪化するものや、皮膚に付いたらすぐに腫れ上がったりただれて炎症を引き起こすもの。数時間ないし数日のうちにこうした症状を起こすものを急性毒性という。合成農薬が使用され始めた初期には、食糧生産を急務とする日本の農村では、こうした急性毒性を示したパラチオンなどの農薬を危険を冒して使ったことも多かった。これらは被害の出方がはっきりしているので、比較的早い時期から使用されなくなった。

● 慢性毒性

農薬に触れた人の消化器や気管に入ってかなりたってからしだいに健康が悪化していくもの。農薬の被害であることが直ちにはわからないこともある。そのために治療が手遅れになりやすいこともあって、中毒から回復することが遅く、さらに肝臓や神経の障害を引き起こして長期にわたる健康被害を生じることがある。

● 残留毒性（広い意味での慢性毒性）

前記の急性・慢性毒性は被害を受けるのが農薬を扱う作業をした生産者、防除関係者に多いのに対して、食品などに付いて残った農薬を引き続いて食べたり、触れていた場合に、それが体内に蓄積して、ある程度を超えると健康障害を引き起こす。これは現在の生活のなかで接触するいろいろな化学物質の被害と区別しにくいので、農薬の害と判定しにくい場合が多い。

以上の人間の健康に及ぼす農薬の害は、発がん性、遺伝子を通じて次代以降に伝わる障害、人の体質や健康

状態によって異なる障害の出方など、挙げていけば大部の本にもまとめきれない多くの問題がある。ここでは農作物病害虫防除と農薬の問題を主題とするので、それらはそれぞれの解説書などによって理解していただきたい。

農作物に及ぼす害（薬害）

農作業の現場で非常に大きいのが、農薬による農作物の被害である。本来、農作物を守るはずの農薬が農作物を害するというのは本末転倒のように思われるが、この本のなかでも例を挙げているように、病害虫を防除して作物を守るために使用した農薬が、作物に対して意図しない大きな被害を引き起こすことは少なくない。それらは落葉、果実や葉の傷や斑点、成長の阻害などさまざまな形で起こる。実際に有機合成農薬が広く普及したのは高い病害虫防除効果とともに、この薬害の発生が少なくなったこともある要因の一つである。有機合成農薬が開発される前の石灰ボルドー、機械油乳剤、青酸ガス燻蒸（くんじょう）などは多かれ少なかれ幾らかの薬害が出るのが常識のようになっていた。

有機合成農薬でも作物と薬剤の取り合わせや、使用方法の間違いあるいは使用したときの天候などで、著しい薬害を出すことがあった。この本の幾つかの章でもこの問題について私が経験し、あるいは見聞したことについて述べている。

野生生物あるいは生態系に及ぼす害

以前は農業と野生生物や自然環境の保全は別々に論じられていることが多かった。現在でも自然環境や野生動植物の保護などを取り上げた解説などには、これらの保全を妨げる重要な要因として「農薬の悪影響」を挙げてあるものが多い。一方、農業関係の解説では農薬による食品の汚染や、農薬の飛散や流出による鳥、魚などの被害を挙げて注意を促しているものが増えてきているが、広い意味での人間の生活環境、多くの種の野生

生物によってつくり上げられている自然生態系への悪影響についてはあまり触れられていない。最近では人間の産業活動による「生物多様性」の損失が問われることも多くなってきたが、具体的な例として若干の希少な種の減少や絶滅が取り上げられるだけである。これは実際に農薬を使用して農業を行っているものと、自然環境の保全活動を行っているものが乖離しているために、お互いにその実状をよく理解していないために生じているのではないかと感じられる。この本のなかでもこの問題の本質と私が考えている面について幾らか触れた。

農薬の害を低減し、あるいは農薬に代わる農作物保護の試み

農薬の人や自然環境に対する悪影響が明らかになるにつれて、この害をなくすために多くの試みが行われ、現在でも進められている。これらは有名なレイチェル・カーソンの『沈黙の春』をはじめ、さまざまな書物や報道で取り上げられてきた。それらについてここで解説するとどうしても不完全なものにしかならないので、簡単にこれまでに取り上げられている技術の総合的な活用と言える「総合防除」（IPM）に関してこれまでとは異なった農業管理思想のうえに立ったこれらの技術の総合的な活用と言える「総合防除」（IPM）に関して簡単に触れておきたい。

- 低毒性農薬・選択制農薬の開発
- 人間や自然環境に接触しない農薬（樹幹浸透性農薬・土壌施用性農薬など）の開発
- 誘引剤・忌避剤の開発
- 天敵利用（天敵導入・在来天敵の保護・天敵の遺伝的改良など）
- 不妊化法
- 栽培方法の改善（農薬使用を前提とした栽培方法を改める）
- 病害虫抵抗性品種の育成・病害虫に強い体力をもつような栽培技術
- 物理的防除（光、音、熱などの防虫・殺菌効果の利用、柵や網などによる侵入・伝搬阻止など）

9　序章　この本を読まれる人たちのために

● 総合防除（ＩＰＭ：Integrated Pest Management）

これまで総合防除と言われてきたが、やや正確に言えば総合的病害虫管理というように、単に病害虫を防除するのではなく、経済的な被害が出ないように管理することである。ふつうは農薬だけに頼らない各種の防除技術の組み合わせで病害虫を防除することと言われるが、基本的には多少の害虫や病気が発生していても、その被害を経済的被害水準以下に抑えるという考えのうえに立った農地の管理方法。

日本と世界における農薬の歴史

農薬そのものは素朴な形ではかなり古い時代から使われ、特に19世紀には地域や作物によってはかなり広く使われてきた。それらの以前の農薬と現在の農薬との違いを知っておかなければならない。

1950年ころまでは、農薬は多くの農家では自製し、あるいは原料を買ってきて自家調合していた。その代表的なものが、19世紀にフランスで考案されたボルドー液（生石灰と硫酸銅の混合液）である。この材料の選び方や調合の上手下手が防除効果や薬害の発生に大きく影響していた。石油、鯨油、松ヤニ、石灰、木灰、硫黄、たばこなどいずれも簡単な材料を農家の工夫で使っていた。宮沢賢治の長編童話『グスコーブドリの伝記』に、水稲の葉いもち病を石油、木灰、塩などを使って防除しようと苦労する話があるが、1920〜30年代の農家の姿をよく示している。いま自然農法でよく取り上げられている「木酢液」はこの流れの発展したものと言えるだろう。

1939年にスイスのガイギー社のミューラーによって発見された殺虫剤DDTは、はじめマラリアなどの伝染病媒介昆虫の駆除に利用され、それが農業害虫防除に用いられるようになって、有機合成農薬の出発点となった。しかし前述のようにボルドー液や青酸ガスなどの農薬そのものはすでに使われていたので、それがよ

序章　この本を読まれる人たちのために　10

大量かつ簡単に使用されることとなったのは工場で大量生産される有機化合物の農業的な利用からである。そのが1950～60年代の世界農業の発展に貢献した。同時に現在の農薬問題の大半はここから始まったと言える。

日本でも1950年代までは、農村の生産組合や地方商店の作業場でつくられる農薬があった。それらがしだいに発展して近代化学工業になっていった。その代表的なものが静岡県のイハラ農薬（その後のクミアイ化学の母体）である。1928年（昭和3年）に清水市柑橘同業組合の病害虫駆除予防奨励事業として始まった農薬製造が、1949年に庵原農薬株式会社となり、全購連と連携して合併拡大を繰り返し、2000年（平成12年）には年間売り上げ430億円、農薬企業として世界第12位のクミアイ化学業の発展の姿を物語っている。しかしこのような日本第2位（第1位は住友化学）の企業も、今は多国籍大企業の影響下にある。現在では日本も合めて世界の農薬の動きを支配しているのはシンジェンタ、アベンティス、モンサント、ダウ、デュポンなどの国際的大企業であろう。

世界における農薬問題に推移、特に近年の流れ

現在、大きな社会問題となっている化学合成農薬は、先に述べたような手工業的な段階を経て1940年代から広く実用化された。その近代的農薬の工業生産量は世界的に1940年代から60年代まで急速に増え続けた。1960年代の年成長率は10％を超えている。1970年代になってこの成長率はやや鈍化したが、それでも1980年代には、世界的な農薬の需要は2025年ころまでは増えていくものと推測されていた。その推測の根拠は、世界の人口増加と生活水準の向上が2000年代前半まで継続し、それを支える食糧生産のために農薬が必要と考えられたからである。

今後の農薬問題

しかし1970年代には、この農薬使用の一方的拡大傾向に歯止めをかける世界的な動きが始まった。それは農薬による人間の健康被害と環境汚染が、社会的に自覚されてきたことと、国際的な農産物価格の低迷などによる農業経済発展の停滞によっている。

前の要因について見ると、アメリカ社会ひいては世界に大きな反響を引き起こした『沈黙の春』の出版が1962年であり、次いでインドとイタリアの農薬工場の大事故による健康と環境への大規模な被害が、農薬の危険性に関して社会の関心を呼び起こした。これはほぼ同時期にアメリカとソ連（当時）で起こった原子力発電所事故と並んで、現在の科学に基礎をおいた産業が人類に大きな危険性をはらんでいることを、社会に自覚させた。

世界的に見た合成農薬の生産量は1999年に初めて前年よりもマイナスとなった。これは前記のような世界的な環境問題への意識の高まりと同時に、農薬生産が経営的に「引き合わなくなった」ことが大きな要因となっている。これからは農薬の単純な開発と使用は減少する一方、その有効性と危険性について新しい問題が生まれてくるだろう。現在では世界の農薬生産と使用はどのような方向に進もうとしているのだろうか。必ずしもこのような見方に従う必要はないが、今後の農薬について私が考えている問題点を三つ挙げてそれについて述べておきたい。

(1) 新農薬開発の減少と登録維持の困難

これまでは新しい病害虫の発生や、農薬抵抗性に発現などで現在使用している農薬の効果が不十分な場合は、「新農薬」の開発や適用に期待すればよいと思われてきた。しかしその「新農薬」の研究開発は年とともに困難

序章　この本を読まれる人たちのために　　12

になってきた。世界的な環境意識の高まりとともに、農薬に課せられる効果、安全性などの評価が厳しくなったために、新しく有効な物質を見いだすスクリーニングの効率がきわめて低くなってきたのである。企業の新農薬研究開発経費は目立って高額になり、また病害虫の防除効果が高い化合物を見いだしても、それを商品として登録するためにクリアしなくてはならない安全性の確認のためにさらに膨大な経費がかかるようになる。さらにそれだけの経費をかけて発売にこぎつけても、それが流通するようになれば、間もなく他国あるいは他の企業のジェネリック生産で供給される安価かつ大量の同種農薬によって、研究開発費も回収できないこととなる。

これらの事情を考えると、今後、新農薬の開発は減少することはあっても増加することは考えられない。

(2) 総合的病害虫管理とそれを推進するうえでの遺伝子組換え作物の問題

アメリカは1985年の農業基本法によって環境保全政策を導入した。その基本は低投入持続的農業（LSA）で、2000年までには耕地面積の75％にこれを導入する計画である。そのなかで環境と経済を両立させる具体的な手段として、遺伝子組換え作物（GMOs）を大幅に取り上げている。遺伝子組換え作物はアメリカではトウモロコシとダイズを中心に1996年から爆発的に増加したが、日本やEUの消費者が反発していることもあって2000年にはやや減少した。しかし今後、いろいろな作物で開発が進み、これと組み合わせて利用できる農薬とそうでない農薬とでは売り上げに大きな差を生じるであろう。これはアメリカの国際的貿易戦略にも大きくかかわっており、今ではやや静かになったが、一時は世界的に大きく唱えられたグローバル・スタンダードの一部になるものと言える。戦略的に言えばGMOsを握れば世界の農薬市場を支配することもできる。

今ではアメリカの農業における総合的病害虫管理の発展は、この遺伝子組換え作物を抜きにしては考えられない。この波はいずれ日本にも及ぶであろう。

13　序章　この本を読まれる人たちのために

(3) 快適な生活を求めるための殺虫剤、殺菌剤、除草剤などの使用の増大

農業分野で農薬使用が減少しているなかで、農業以外の、特に生活環境における不快昆虫などに対する農薬使用はかなり高い率で増え続けている。この人間の居住環境、特に市街地などにおける殺虫剤・殺菌剤・除草剤の広範な使用については、一般市民や都市管理の関係者がこれまで農薬とかかわりが少なかったこともあって、その安全な使用方法や防除効果の確認、有効な使い方、使用する器具や機械の検討などがごく少なく、農業分野で開発された技術をそのまま転用している場合がほとんどである。1990年ころに全国的に大きく取り上げられたゴルフ場の農薬問題もその本質はここにあったが、社会的に騒がれなくなるとともに事実上、忘れ去られてしまった。しかし今後の市街地など人の居住する場所における農薬（正確に言えば環境に放出される化学物質）の影響は都市環境管理の重要問題となってくるだろう。

第1部　果樹農業の現場で

長崎県地図

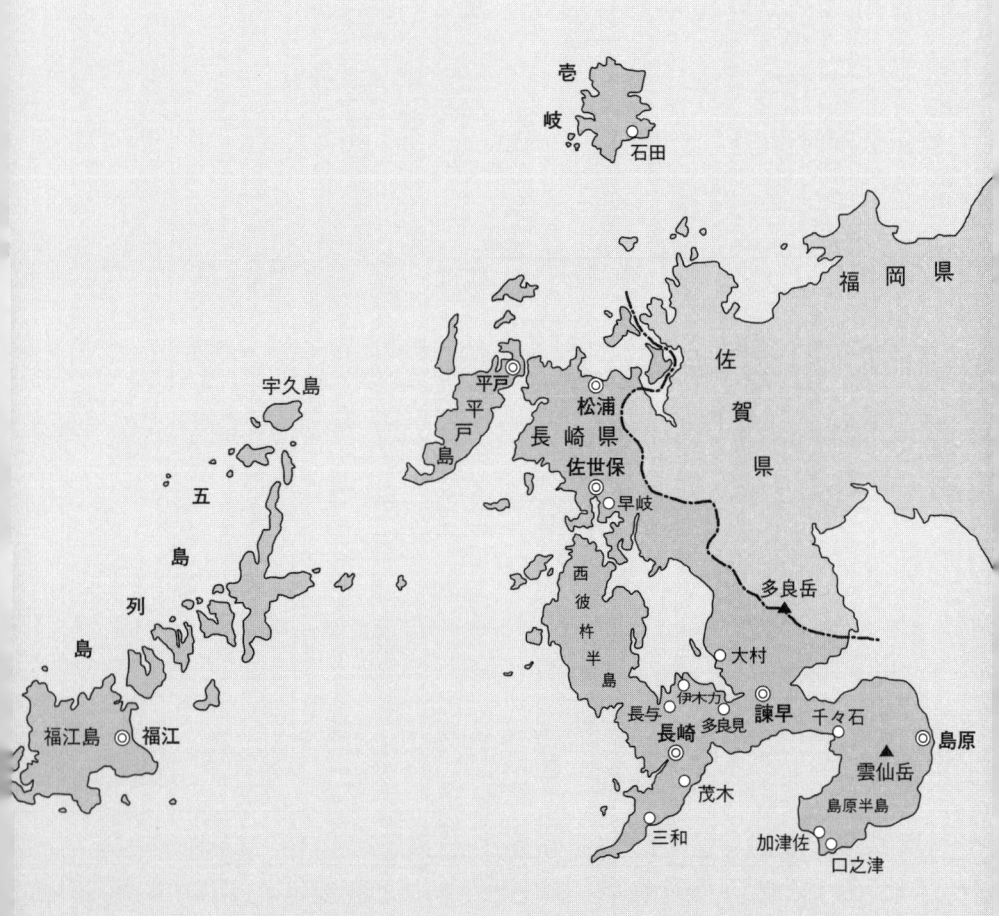

- 対馬
  - 厳原
- 壱岐
  - 石田
- 福岡県
- 佐賀県
- 長崎県
  - 平戸島
    - 平戸
  - 松浦
  - 佐世保
  - 早岐
  - 宇久島
  - 五島列島
  - 福江島
    - 福江
  - 西彼杵半島
  - 大村
  - 伊木力
  - 長与
  - 多良見
  - 長崎
  - 諫早
  - 多良岳
  - 千々石
  - 茂木
  - 三和
  - 雲仙岳
  - 島原
  - 島原半島
  - 加津佐
  - 口之津

1章 ミカンの実を読む

冬になると、日本の都市や町村の青果物店やスーパーマーケットには、鮮やかな橙色のミカンがあふれる。神奈川県から沖縄県にわたる各地のミカン産地から出荷されるミカン類は、1972年（昭和47年）をピークとしてかなり減少傾向にあるが、それでも全体で年間約300万トン前後である（注1）。指先で簡単に皮をむくことができるいわゆる寛皮（かんぴ）ミカン類に属する温州ミカンが主体であるが、少し遅れて年末から翌春にかけては、生柑橘類と言われる夏橙（夏ミカン）やハッサク、伊予柑をはじめ多くの新品種、さらに各種のネーブルオレンジ類が出荷されて、市場をいろどる。多量に輸入されるようになったグレープフルーツやオレンジ類は、ほとんど一年中レストランや市場にあふれている。地域的にはザボン（文旦）、日向夏、ポンカンあるいは沖縄のシーカーシャのように特色のあるミカンが、土地の人たちや観光客に親しまれている。果物としてよりも食品の香料あるいは調味料のように使われている柚子やスダチなどもあわせて考えると、その種類と用途の多様なことは、リンゴやブドウなどほかの果実と比べものにならない。

町で売っているミカンは、鮮やかな橙黄色で光沢があって、上等のものは色も形も一つの芸術品のように見える。暖地の山のミカン園で収穫されてから、都市の消費者の手に渡るまでに4～5段階の流通機構を通って、洗われ包装されて半ば人工物のようになっているが、元来は自然と人間の力が協力してつくり上げてきたもの

である。

都市の人たちの口に入る温州ミカンの果実は、主に東海地方から九州にかけての低い山の斜面に広がるミカン園で生産される。その収穫は初夏のハウス栽培ものや、早生の青切りミカンに始まって、大体12月の上旬までに終わる。その後に出荷されてくるのは、主として生産地の貯蔵庫から出てくる貯蔵ミカンである。

農業機械化の進んだ現在でも、ミカンの収穫だけは機械にたよるわけにはいかない。特に皮の軟らかい温州ミカンの場合、その皮に少しでも傷がつけばそこから菌が侵入して腐敗が進んで、食べられなくなってしまう。店で売っている温州ミカンのへたの所をよく見れば、その軸（果梗）の切り口は平らになっていて、さらにその切り残しの部分がへたの周りの窪みから外へ突き出さないように、深く切り詰めてあることに気づくだろう。この切り方は、ミカン園で働く人が初めてミカンの収穫作業をするときに繰り返して教え込まれることであって、ミカンどうしが傷をつけあわないための心配りの一つである。ただ実を切り取ったり、もぎ取ったりするのとは全く違った、手間のかかる労働なのである。もっと皮の軟らかい果実、例えばモモやブドウの収穫はさらに手間がかかっている。

摘み取られた果実は、ひどい虫食いや変形したものなどを取り除いて（これがいわゆる庭先選果である）、産地ごとに、ふつう農協が経営している共同選果場へ送られる。

主なミカン産地ならどこでも見られる大きい工場のような建物は、現在の農業が組織化された大産業となっていることをよく示している。集荷され、トラックで運び込まれたミカンの山が、病虫害、色調、糖度、粒揃いなどの品質検査をうけたあと、集められて川のように大

第1部　果樹農業の現場で　18

きなベルトコンベアの上を通り、つや出しワックス処理液の入った水槽をくぐりぬけ、通風乾燥されながら大きさ別の篩の目から下へ落ちて、その下で動いている別のベルトコンベアに乗り、それぞれが10キロあるいは15キロの段ボールケースに自動的に入れられ、流れるようにトラックに積み込まれていくのは壮観である。

ミカンはふつう、色、形、糖度、粒揃いなどの品位、品質のほうから秀、優、良の格付けがなされ、さらに大きさからLL、L、M、S、SSの5段階に分けて箱詰めにされる。同じ規格のものでも産地によって値がかなり違っている。

箱詰めにされて選果場から大型トラックに積み込まれたミカンは、夜通し山陽道、東海道のハイウェイを走って、おそくとも一昼夜のうちに大都市の青果市場に届く。ここでせりにかけられ、値がつけられたミカンは都内各地、さらに全国の中・小都市まで再配送される。このミカンの流れは、システム化された現在の複雑な流通社会の一面を表しており、農業という言葉に何か自然の明るい健康さ、あるいは長閑さを期待している人たちには失望を与えるかもしれない。自然産業のイメージは今では大きく変わってしまった。

しかし、この巨大産業の製品としてわれわれの手に届くミカンも、もともとは南国の山の果樹園で育ったものである。その自然の印が実の表面に、あるいは内部に残っている。それは東海地方から西南暖地にかけての、真夏の暑い日差しと降りそそぐ雨、そうして夏から秋にかけての日照りや台風と闘うミカン農家の苦闘の跡を示しているのである。

現代ではしばしば、科学技術の非人間性への不信が語られる。科学技術のこれ以上の発達は人を不幸にするだけだという主張は、確かに一面の真実を含んでいる。しかし、その科学技術批判のなかには、われわれのもつ技術レベルの実態をよく知らないものの思い上がりがあるように感じるのは、私だけだろうか。病虫害や気象災害を相手に苦闘している農民にとって、科学技術はもうこれ以上進まなくてもよいのだろうか。あるいはこ

19　　1章　ミカンの実を読む

図1　そうか病にかかったミカン

のような論議を展開している「知識人」にとっては、農業技術などは科学技術のうちに入らないのだろうか。一見、工業製品のようになってしまった現在のミカンの果実のうえにも、すぐにわれわれの目にうつる形で、多くの問題が、農家を苦しめているさまざまな病害虫や気象災害の跡が残されているのである。

現在のミカンの選果の基準が非常に厳しい—あるいは厳しすぎる—ために、ミカン園を脅かすさまざまな自然災害や人工の災害の痕跡の多くは、市場に出るまでに取り除かれて、都会の人たちの目には届かない。しかし、この厳しい選果の過程を経ても、なお残っているいろいろな痕跡がある。この痕跡を読むことによって、われわれは日本の自然と農業をめぐる多くのことを知ることができる。

温州ミカンを幾つか並べて、その表面に見られる果樹園からの便りを読んでみよう。

ごくふつうに見いだされるのは、橙色のミカンの皮の上に散らばっている小さい黒い点々である。針先で突いたような小さなものから、直径1〜2ミリのものまである。時にはその点々が並んで黒い線のようになっていたり、丸い輪

第1部　果樹農業の現場で　　20

をつくっていたりする。高級の果実専門店のよく選び抜かれたミカンの表面にさえしばしば見いだされるこの黒点は、三つあるいはそれ以上の原因のどれかによって生じる。黒点病、日焼け、黒点症の違いは、厳密な定義があるわけではないが、一般に病原体、発病機構がはっきりしているものを―病、一定の症状が出るがその原因、機構が不明のものを―症とする場合が多い）。かつてよく使われた農薬の一つの石灰ボルドー液の薬害も、これに似た形で出ることが多かった。

ここであらかじめことわっておきたいことは、ミカンの病気を引き起こす病原菌は人間や動物の病気とは無関係だということである。ミカンの病気の部分に触っても、あるいは食べても人間には全く悪影響を生じない。恐れたり、いやがったりする理由は全くない。これは虫害の跡についても同じことである。

ミカンを食べながら、その皮に残るいろいろな病害や虫害の跡を引き起こす病原菌は人間や動物の病気とは無関るのをやめてしまう人がある。しかしそれらは人間に全く無害であるうえに、その病菌も害虫もすでに死んでしまっていなくなった跡である。病気とか害虫とかいう言葉だけで気にする敏感さが、日本では果物や野菜などの農作物の売れ行きに影響して、程度を超えた品位向上の競争を引き起こし、それが農薬の大量使用を促進し、また生産費を引き上げる一因ともなっていることを考える必要があるだろう。

ミカンの皮につく黒い点々は、ミカンの枯れ枝で繁殖した糸状菌の一種、黒点病菌の胞子がつくられたものである。この菌はミカンの枯れ枝の細胞を刺激して生じた多数の胞子が雨水に溶け込んで飛び散り、若葉や幼果につく。枯れ枝の中に広がった菌糸から、春先に生じた多数の胞子が雨水に溶け込んで飛び散り、若葉や幼果につく。しかし、この菌自体は葉や果実の表面では生存できずに死んでしまい、その跡に黒い点を残すのである。黒点病菌の源となるのは細い枯れ枝だから、この病気は細枝の多く混みあった成木園に多発する。

この黒い点を拡大鏡でよく見よう。ふつう0・1から1ミリの丸い、少し盛り上がった点だが、点の周りに

21　1章　ミカンの実を読む

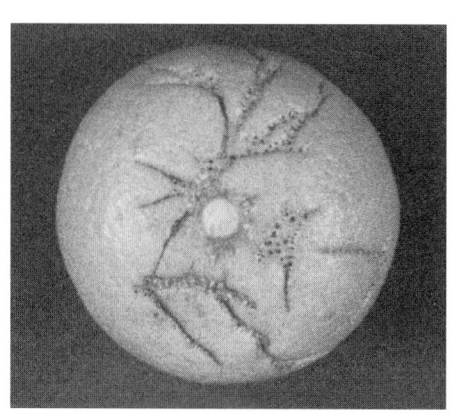

図2 コアオハナムグリの被害果実

細く、灰白色の輪がついている。この白い輪に取り巻かれた黒点は、梅雨期に感染した菌で生じたものである。

ところが黒点が少し小さくて、その表面に光沢があり、周りには白い輪がないものがある。これは秋になってから感染したもので、感染後にミカンが肥大しなかったことを示している。こうして、この小さい黒点から元のミカン園の樹齢（木の年齢）、植え方、気象や病菌の盛んに広がった時期などを推定できる。なお、ミカンの黒点にはこのほかにも、夏の直射日光による日焼けその他の原因で生じるものがある。

黒点とならんで、ミカンの表面で目につくのは、いろいろな形をした灰白色の変色部分である。あまり大きなものは選果場で取り除かれるから、店で売っているミカンに見いだされるのは長さ、幅ともに1センチ以下の小さいものが多い。この灰色あるいは茶色がかった変色部についても幾つかの原因があり、その形やついている部分によって見分けることができる。風ずれ、そうか病、ばかす病、灰色かび病、コアオハナムグリ、ケシキスイ類、チャノキイロアザミウマ、カネタタキ、ミノムシ、ウスカワマイマイなどによる被害の跡である。

一番よく見られるのは風ずれである。ミカンの実が大きくなっ

第1部　果樹農業の現場で　22

図3 ミカンの花に潜るコアオハナムグリ

ていく途中で、風で枝が揺れて果実が近くの枝や葉と接触する。ミカンの幼果（ふつう6～7月ころのもの）は果実の表皮が外の刺激に非常に敏感で、葉などと少し触れあっただけでも小さな傷がつき、その傷がミカンの肥大につれて拡大して灰色の薄皮が張ったような変色部となる。尖った枝の先に突かれたり、硬い葉の端で切られた跡は深く大きな傷になって残り、さらにそこからそうか病菌やかいよう病菌が侵入するために、灰白色のカサブタ状になったり、黄褐色の丸い病斑を生じたりしてよく目立つ。このような変色部の多くは初夏から夏にかけての、ミカンの枝を揺する風の残したものなのである。

皮の表面に長さ1センチあまり、幅1ミリたらずの細い黒灰色の溝が残っていることがある。その一端はやや太く深く、他端は細く浅くなって消えている。これはコアオハナムグリの害である。

5月になってミカンの白い花が咲くと（地方や種類によってはもう少し早いが）、いろいろな昆虫が花に集まってくる。そのなかでも特に多いのが、この体長1センチほどの緑色の甲虫、コアオハナムグリである。これがミ

23　1章　ミカンの実を読む

カンの花の中へ頭から潜り込んで花粉を食べているところは、甘い花の香りやミツバチの羽うなりと一緒になって、ミカン園の晩春の風物詩の一部をなしている。しかしこの深く潜ったハナムグリの尖った爪の先が、花柱の根元にある子房をひっかいて傷をつける。最初はほとんど目に見えないような小さな傷だが、子房が大きくなってミカンの果実となると、この傷も拡大されて皮の表面にはっきりと現れてくる。この傷は温州ミカンよりも晩生柑橘に多く、またはっきりと現れる。

主として果実の側面に残るコアオハナムグリの傷に対して、へたの周りに輪のように丸く灰色の傷をつけるのが、チャノキイロアザミウマである。体長2ミリたらずの細長いゴミのようなこの虫は、元来は茶の若芽の害虫である。ミカンの花もほぼ終わった5月下旬から6月にかけて、この虫は茶からミカンに移り、花のあとに残るミカンの果実のへたの部分に着く。そうして青い果皮の表面をなめるように削り取って食う。その跡がミカンの肥大にともなって灰色の傷痕となる。へたの下側に入ってへたの形にそって食ったあと、ミカンの果皮は伸長していくのにへたのほうは伸びないから、へたの下にあった傷痕は外へ出て広がっていく。季節が進んでくると今度は反対側の果頂部を害して、小さなそばかす状の汚れを生じる。チャノキイロアザミウマの害は1970年代から全国のミカン産地で大きな問題となり始め、その後も年をおって重要なことがわかってきた。ただしそれが以前からあったものか、それとも最近になって特に増加してきたのかははっきりしていない（注2）。

都市の店頭などではあまり見当たらないが、ミカン園ではよく見られて発生の仕方に特徴のあるのが、灰色かび病である。

野菜などの腐敗病の病原菌として知られるこの糸状菌は、ふつうはミカンの硬い皮を害することはない。弱って枯れかけた植物の軟らかい部分によくつくこの菌は、咲き終わり、しおれて落ち始めたミカンの白い花びらで盛んに増殖する。しおれかけた厚ぼったい花びらはこの菌の絶好の培養基になる。花びらが

第1部　果樹農業の現場で　　24

そのまま地面に落ちれば、それは何事もなく菌によって溶けていき、この灰色かび病菌も植物病原菌などと悪いイメージをもたれることもなく、自然界の有機物残渣の分解者として有益な役割を果たして終わるのだが、落ちる途中でたまたまミカンの幼果の上へ落ちてべったりと張りついてしまうことがある。こうなったミカンの果実には花びらのはりついた部分と同じ形の灰色の病斑を生じる。この病斑ははじめその原因が不明であったが、当時の長崎農試果樹部の私たちの研究室で森田昭君を中心にしてこの傷害について研究を行い、ミカンの花弁からの感染の仕方を明らかにした。

ミカンの果実につく汚れや傷痕はこのほかにもたくさんあるが、それらは一般には果実の外観をよくするために、果樹の栽培にあたっては多大な労力と費用をかけて、そのうえに大量の農薬を使って環境を汚染する結果を引き起こしているのである。かつてはこれにBHC粉剤を用い、毎年、多数のミツバチをはじめ花に集まる昆虫を大量に殺していた。コアオハナムグリの防除のためにミカンの開花期には花の上に繰り返してカーバメート粉剤を散布する作業などはその一例である。

　農薬の害が明らかになるにつれてこうした防除の問題が大きく取り上げられてきたのは当然だった。これらの、単に農作物の外観を損なうだけの病虫害を防除しなければ、現在の農薬使用量は半分以下ですむだろう。しかし、こうした収穫物の外観に関係する病害虫を防除する必要はないという主張も多い。実際、こうした収穫物の外観を損なう病虫害の多くは、確かに防除の必要が全くないと言い切ることは難しい。しかし市場へ出る前に選果場で取り除かれるいわゆる屑ミカンあるいは缶詰原料ミカン、選果場までも運び込まれずミカン園の片隅や農家の庭先に捨てられるミカンをも考える必要がある。

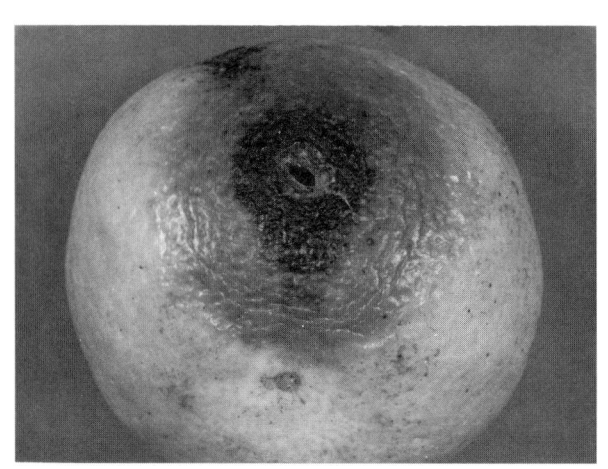

図4 ハマキムシ食入果。食入部から腐敗している

場所により、年によって違っているが、そこに見いだされるのは、石のように固くなりコンペイトウそっくりの角が幾つも突き出したそうか病の初期感染果、全体が赤褐色になりしなびたようなヤノネカイガラムシ被害果、緑色の斑点ができ全体が斑になったヤノネカイガラムシ寄生果、ウスカワマイマイやミノムシによって果実の中にまで大きく食い込まれて果肉がのぞいているものや、ハマキムシの食い込みによって孔があいてヤニを噴き出している果実など、事実上食べられないミカンが無数に見いだされる。さらに収穫する前に枝に実った状態で夜蛾やチャバネアオカメムシに果汁を吸われて落果したり、枝についたまま腐敗してしまうものも多い。場所により年によって大きく異なるが、都市の市場で売られているミカンは、果樹園で熟したものの7割程度ではないかと思われる。防除しなければこの率はさらに低下するだろう。

しかし現在のミカンの流通機構のなかで、特に都市の青果市場で行われているミカンの外観の判定基準は明らかにゆきすぎと考えられる。私は現在の果実の等級判定基準を大幅にゆるめても、消費者の側にも何ら不都合なことは起こらないと思う。

これは果実だけでなく、米の等級基準についても同じことが言える。1970年代から大きく問題になっているカメムシ類の害—いわゆる斑点米—についても同じ問題がある。農産物の外観についての評価基準をかなりゆるめても、生産者、消費者、流通関係者のいずれにも大きな実害は考えられない。農産物の外観にはこの斑点米の発生防止のほかに不稔防止の意味もあるとされているが、その点を考慮しても農産物の外観についてあまりにも神経質な現在の評価を再検討することによって、わが国の農薬使用量はおそらく現在の半分以下ですむだろう。この外観から見た品位の向上を産地間競争の手段としていることに、現在の日本の農業の大きな問題がある。しかしそれは農業の分野だけでは解決できない。それはわれわれの社会のあり方の問題、あるいは大きく言って文化の問題にまで関係してくるだろう。このことは今後の日本の農業問題や環境問題を考えるうえで放置できないが、このような例をもって病害虫防除の必要が全くないということは言えない。そして環境保全と両立するような病害虫防除のための科学技術はこれからもいっそう発達させることが必要であろう。

注1　ミカンの種類は現在さらに多様なものになり、その流通プロセスも変わってきている。
注2　近年ではチャノキイロアザミウマ以外のアザミウマ類の被害も問題となっている。
注3　ミカン果実の病害虫などの症状は、次の本にカラー写真が載せられている。

関　道生監修　大串龍一編（1972）原色果樹病害虫百科第2版　カンキツ・キウイフルーツ
農文協編（2005）原色ミカン果実の診断　農山漁村文化協会

2章 素人技術者としてミカン地帯へ

1960年（昭和35年）の秋、私は長崎県の農事試験場大村園芸分場に着任した。私の仕事は二つあった。一つはそれまで栽培と土壌肥料の二部門しかなかったこの分場に新しく園芸病害虫の研究室をつくり病害虫防除技術の研究をすることであり、もう一つは県下の果樹園芸農家のために病害虫防除の指導をすることだった。本来、県の農事試験場の仕事は新しい農業技術をつくり出しあるいはそれを県の実情にあうように改良することで、農家への指導助言は県の農林部に属する農業改良普及所の仕事である。しかし実際にはこの試験研究と技術普及指導との境目は決めにくく、特に当時は果樹園芸の方面では技術者がまだきわめて少なかったので、試験場の職員が直接に農家の技術指導までをすることがふつうであった。

私は大学で理学部の動物学科を卒業し、同じ動物学（生態学専攻）で大学院に進み、博士課程を終わると京都府の衛生研究所に就職して、2年あまり公衆衛生の試験研究と検査業務に従事してきた。この間に農業に直接触れたことはほとんどなかった。いわば農業に全く素人の状態で赴任したのである。

大村園芸分場は職員わずか11人、うち技術者9人の小さな職場だった。最初の年度の予算は21万5千円、そのうちの20万円はもらって、器具も図書も全くない所で仕事が始まった。実際に使えるのは1万5千円である。現在よりも物価の安かった当は1台の顕微鏡を買うためのものだから、

第1部　果樹農業の現場で　　28

図5　赴任当時の長崎県農事試験場大村園芸分場（1962年）

　時でも、これはあまりに少ない額だった。果樹係の一人として主にミカンの病害虫を担当することとなった私に、さっそく隣の町のミカン栽培農家の集まりから、研究会の講師として依頼がきた。ミカンの害虫も病気もほとんど知らない私が、数年〜十数年の経験のあるミカン栽培農家約40人の前で話をすることになった。私は赴任するときに買い集めてきた果樹害虫の本を読んで、2日かけて必死にまとめた害虫の話をした。農家の人たちが聞きたかった話かどうかわからなかったが、私にはそれしか話せなかった。終わると最初に殺菌剤のボルドー液についての質問があった。それまで四斗式とか六斗式とか言っていたボルドー液の呼び方が、五─二式とか六─四式に変わったばかりの時期だった。質問はその換算方法についてだったが、実際のボルドー液を見たこともなかった私には何のことか見当がつかなかった。幸いに私を案内してくれた農業改良普及所の職員が助け舟を出してくれたので何とか切り抜けられた。私

29　　2章　素人技術者としてミカン地帯へ

はそれまでと別の世界に入ったことを実感した。

私は未知の世界に入ったことをあまり恐れてはいなかった。同じ日本に住む人間どうしのことだから、一生懸命にやれば何とかなるだろう。3年前、私が大学院の理学研究科を出て衛生研究所に入り、全く知らなかった公衆衛生の現場に入ったときも2～3カ月夢中で仕事をしているうちにしだいに周囲のことがわかってきた。見たこともなかった回虫や鉤虫の卵を見つける検便も、日本脳炎のウイルスを検出するためのコガタアカイエカの採集も、都市の生ゴミ処理のための塵芥堆肥施設の実験も何とかできるようになった。それまでの専門にこだわって自分のほうから枠をつくることをせず、提示された問題に素直に取り組んで努力すれば、おのずから道は開けることが実感としてわかった。

長崎県に赴任するひと月前まで、私は肺ジストマの根絶の仕事のために京都府の丹後の海辺を歩いていた。私はジストマ症の原因となる肺吸虫は見たこともなかった。峰山保健所の人と日本海岸の海を見下ろす急峻な山腹の道をたどり、ジストマの中間宿主になる渓流のサワガニを探していくうちに、暗い日陰の谷間に丹後縮緬を織る機の音の響く小さな町に出たりした。この物寂しい山野と村々を歩き回っているうちに、私はジストマ症とこの病気にかかる人間とを包む環境と人々の生活を体験的に理解できるようになってきた。長崎へきてこの新しい任地でもまた、あのときと同じようにゼロから出発すればよい。幸いにまだ30歳になったばかりである。今は何もわからなくても何とかなるだろう。

大学院の博士課程を出て理学博士の学位を得たものの一人として、私は学問研究の道を歩きたいと思っていた。研究者としてこれからという年齢で、多くの大学や研究機関がある日本の中心を離れてこの九州の西南の小さな町にきて、それまでの仕事と全く違った実務の現場に入ってしまって、学問の世界での私の将来はどうなるかはわからない。しかし私には大学だけが学問の場とは思えなかった。いわゆる学問らしい学問にこだわら

第1部　果樹農業の現場で　　30

ずに目の前の農業の世界に飛び込めば、私に運があればまた学問に出会うこともあるだろう。科学技術はもしそれが人間の世のなかに要るものならば、この農業に生きる人たちのなかにも現れてくるに違いないという、漠然とした信念のようなものをもって私は自分から望んでここに赴任したのだった。

当時、大学院の博士課程を出て理学あるいは農学博士の学位を得たものはほとんどが大学か国立の試験研究機関に入り、府県、特に東京や京阪神の学問の中心から遠く離れた辺地の試験場に入ったものはなかった。当時の県立農事試験場には大学卒業者も少なく、旧制の高等農林専門学校や農事試験場付属の農業講習所出身者が多かった。私も時々講習所出身と思われたが、別に訂正もしなかった。実際、私の農業技術の実際に関する知識と経験は、講習所を出たものよりもずっと劣っていた。私はまず農業講習所修了なみの知識と経験を得ようと努めた。

農業の現場とつながっている農事試験場では、農作物の病害や害虫防除の経験を積もうと思えばその機会は多すぎるくらいだった。ミカンなどの果樹の栽培や経営に関する知識も自然に身についてきた。農家の人たちや現場の農業改良普及所、病害虫防除所、農協指導部の人たちから話を聞く機会はいくらでもあった。私は実際のミカン園やビワ園の様子とその病害虫の生息状態や防除の実態を、いろいろな面から知ることができた。それは本を読み、学会で人の話を聞いただけではほとんどわからないものだった。

当時、全国的にミカン園の病害虫の共同防除が始まりかけていた。主に定置配管式共同防除施設によるものである。少し前の時代の河野農政による農山漁村振興計画の一つとして始まったこの共同防除は、日本のミカン産業に大きな影響を与えつつあった。私はまず九州7県の果樹園芸試験場の共同研究に参加して、県下の2地区で個人防除、一斉防除、共同防除の三つのシステムについての農家の体験と意見の聞き取り調査を行った。そのために西彼杵郡の古くからのミカン産地と東彼杵郡北部の佐世保市近郊にある新しい産地を訪ねて、地元

31　2章　素人技術者としてミカン地帯へ

の普及所や農協の技術員に案内していただいて農家を回り、いろいろな話を聞いた。

個人防除とは、個々の農家がそれぞれ自分のもっているミカン園について今年はどういう防除をしたらよいかを考え、農薬や防除器具、労力などを自分で調えて防除を進める方式である。このやり方は古くから農家が行ってきたもので、ここでは病害虫防除のかなりの部分は、剪定、施肥、除草その他の一般的管理のなかにとけこんでいる。農薬散布は「消毒」と言って、病害虫防除の一部分とみなされた。

一斉防除とはふつう、農家十数戸～数十戸からなる一つの地区（昔の小さな村の範囲とほぼ一致することが多い）で相談して、年間の防除計画を決め、労力を出しあい、器具や農薬を共同で調達して、日をきめて一斉に防除する方式である。これは「消毒」を共同で行うことで、自然に農作業のなかでの防除作業、特に農薬散布の比重が増える。

共同防除というのは、前記のような地区が相談して各戸のもつミカン園全体をカバーできるような農薬散布施設を建設し、防除班を編成して、地区全体をまとめて防除することである。ミカン園は急傾斜の所が多いので、ここで用いる施設は主に配管式のものであった。これは広いミカン園全体（10～50ヘクタール）に細い水道のような配管を張りめぐらし、その中心に大きな貯水槽と強力な動力ポンプを備えつけ、ここで調合した農薬散布液を強い圧力でこのパイプシステムに送り込み、パイプの各所についている栓に農薬散布用のホースをつないで人力で農薬散布をする方式である。この作業は数人一組の防除班があらかじめつくった手順によって行う。園の持ち主に関係なく、全体として作業のしやすいように進めていく。農薬を木にかける散布作業そのものは個人あるいは一斉防除と同じようであるが、農家各自が水を運び、農薬を薄めて散布液をつくり、小型の発動機でそれぞれの園に散布するのと違って、一人あるいは一家で水の運搬、薬剤の調合、発動機の操作をする必要がない。

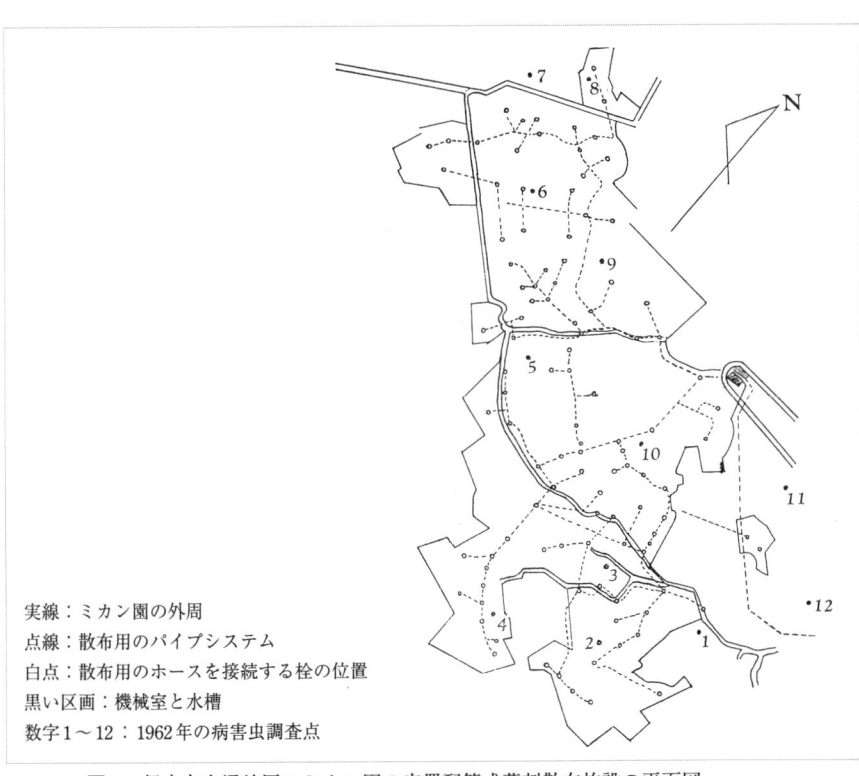

実線：ミカン園の外周
点線：散布用のパイプシステム
白点：散布用のホースを接続する栓の位置
黒い区画：機械室と水槽
数字1〜12：1962年の病害虫調査点

図6 伊木力中通地区のミカン園の定置配管式薬剤散布施設の平面図

　この定置配管式散布施設の建設にはかなり大きな費用がかかる。10ヘクタール程度のあまり大きくない施設でも直接の経費だけで当時の物価で200万円以上かかった。その相当の部分は政府の農山村振興事業補助金をはじめ各種の融資にたよったが、結局それは農家の借金として残るものだった。この方式を取り入れるかどうかについて、各地区では長い真剣な相談がなされた。
　農業を知らない人は、共同防除というとただ村の人たちが力を合わせて防除することのように想像するが、実際には果樹地帯の場合、この大型機械と施設を中心にした村の病害虫防除の

33　　2章　素人技術者としてミカン地帯へ

機械化、集団化であり、果樹園の共同管理体制への切り替えを意味した。私もここに赴任するまでは、病害虫防除というと個々の農家がそれぞれの園の様子を見て自分で考えて行うものと思っていた。しかしこのときミカン産地に広がっていこうとしている共同防除は全く違ったものであった。当時はミカン産業の一端を見始めたにすぎなかったのでよくわからなかったが、これが日本の農業の転換期であったことを今になって強く感じる。

個人防除から共同防除への流れは国の政策であり、広い意味での日本農業の工業化の方向であった。それは当時から、見方によって大きな批判のある方向でもあった。

定置配管式共同防除施設にかぎってみても、それは膨大な投資を必要とした。数十ヘクタールのミカン園に張りめぐらすビニールパイプ網、中心となる大型貯水槽、機械室の建物とその中の大馬力のガソリンエンジン、薬剤調合槽、電気設備、それらはすべて工業製品であり、膨大な需要が建設業者と機械メーカー、化学製品メーカーに流れた。それは結果として農家の負担となった。

この施設は農作業の労力を大幅に減らしたが、その節約された労働力は農業の発展には還元されず、主として、都市の工業と土木建設事業に吸収された。あくどい言い方をすれば農業機械化とは大きな余剰生産力をかかえ、労力不足と賃金の上昇に苦しんだ工業資本が、農村に製品を売りつけると同時に、農村から安い労働力を搾り出して、都市の工業を支える手段と言えないこともなかった。私も農業地帯のなかにいて、人と金の動きを見ていると自然にこのような考えが浮かんできた。

しかし、私がこのときに感じた最も大きな問題点は、これによって日本の農業病害虫防除が農薬散布方式に固まってしまうことだった。定置配管式散布施設は（後にリンゴ地帯も含めて盛んに使われるようになったスピードスプレヤーもそうだが）、農薬、特に乳剤、水和剤などの液剤の散布だけに使われるものである。病害虫

第1部 果樹農業の現場で 34

防除は、農薬散布だけでなく、栽培技術の改良、品種改良、天敵の利用などのさまざまな方法がある。薬剤だけについても、水に溶かして使う乳剤や水和剤などのほかに、水を使わない粉剤、粒剤、ガス剤などいろいろある。防除を薬剤、主として乳剤か水和剤の使用にかぎり、数十ヘクタールを同じ方法で防除することを可能にして、防除する方式が定着することは、農家各戸にとっては製品の種類を整理し、大量生産と大量流通の計画を立てることを同じにして、大きな利益をもたらす。それは流通の中間段階を受けもつ農協をはじめ農薬取り扱い業者についても同じである。これによって農薬の末端価格が下がれば、ますますこの大規模散布施設の設置や大型散布機械の導入を推進する力となるだろう。

さらにこの大型施設は農薬の散布量を著しく増やした。大馬力のエンジンで送られてくる高圧の薬液を散布する作業は、はるかに多量の薬液を散布することができた。それは農家各戸がもっている小型の持ち運びのできる動力噴霧機で農薬を散布する個人防除に比べて2倍以上の農薬を同じ労力で散布した。当時まだ広く使われていた人力の手押しポンプによる散布とはあまりに差が大きくて比較することもできなかった。散布量の増加と、噴霧機の先を高圧に適したノズルに変えて細かい薬液の霧を強く吹きつけることができるようになったことで、防除効果は上がり病害虫の発生は明らかに減った。薬剤の改善とノズルから噴き出す霧の粒が細かくなったことで、ミカンの木の薬害による人体危害や環境汚染の発生は問題にされ始めていたが、それもこれまでのように各農家が勝手に農薬を使うよりも、農家の人たちはその効果を認めて、ますます防除施設の設置が盛んになった。すでに農薬による人体危害や環境汚染の発生は問題にされ始めていたが、それもこれまでのように各農家が勝手に農薬を使うよりも、農薬を集中管理して適正に使用し、責任者がしっかり後始末をする共同防除が有利であると考えられた。

共同防除の推進はミカン産業の発展に大きな成果を上げた。このなかでミカン園はしだいに近代化していった。ミカン園の形は散布作業に便利なように直された。園内に混じっていた昔からの夏ミカンなどの雑柑は伐

採され、品種の統一がはかられた。これは柑橘の種や品種の混じった産地では、全体に散布する農薬の種類の選定に苦労するからである。本来は種子の温州ミカンの花に雑柑の花粉がついて種子ができることも問題であった。こうしてミカン園はしだいに変わっていった。これが在来柑橘の品種の消滅につながった。

しかしこのような事態は、後年になって気がついたことである。取り上げたのは1960年（昭和35年）に共同防除施設が完成したばかりの二つのミカン栽培地区、多良見町伊木力中通地区と、佐世保市早岐上重尾地区であった。この仕事は九州果樹共同防除推進協議会が組織した九州7県の共同調査である。私自身はこの機会に県下のふつうのミカン園の病害虫の発生状態と経営の実態をなるべく詳しく知りたいと思ったので、この2地区を、九州全体の共同調査の基準である要求されている以上に丁寧に調べた。中通は12・2ヘクタール、上重尾は8・9ヘクタール、どちらも5千本あまりのミカンが植えられた広いミカン園を、2月に1回ほどの割合で1ないし2日がかりで調べて回った。

1961〜63年（昭和36〜38年）にかけて、私は赴任直後から始まったミカンナガタマムシの大発生の対応に忙しかった。最初は私1人だった病害虫研究室の職員は、新任の西野敏勝君が配属されてようやく2人になったが、それでも毎日、さまざまな問題で追い回されていた。そのなかで何とかして、時間をつくって私はこの調査地区に通い続けた。

この二つの地区は対照的な性格をもっていた。中通の共同防除地区でも、急な斜面に植えられた約5千本の温州ミカンの3千300本ほどが樹齢20年以上の成木であり、生産量も多く、ミカンを主体とした経営をしていた。ここは古くからミカンをつくっていた。それに対して早岐のミカン産地は佐世保市郊外の野菜園芸地帯の中に孤立していた。2〜3戸

第1部　果樹農業の現場で　36

図7 長崎県のミカン先進産地・伊木力(当時多良見村)。海上より見る(1965年)

の農家を中心にしてでき上がった集団産地である。緩やかな斜面に広がるミカン園のほとんどはここ数年のうちに20年を越える成木で、約6千本のうちわずか300本ほどだった。ミカンを栽培しようという農家も初めてミカンを植えた人たちはまだ少なく、木が若いために他の作物で生活を支えていた。佐世保郊外という条件から畑作の野菜が多く、また花の生産も盛んだった。このような二つの地区の違いを反映して、共同防除施設の運営でも伊木力では練達の農家の人たちが防除方針をつくり、施設の運転、班の編成や散布の手順を手ぎわよく決めて進めたので、私たちは調査だけをしていればよかった。それに対して早岐では、農協や県の技術指導員と私たちが防除計画の策定から施設の運用まで相談にのった。私にとってこれは組織的病害虫防除を勉強するうえで

37　2章　素人技術者としてミカン地帯へ

またとない貴重な実習の場となった。

伊木力の共同防除はほぼ予定どおりに始まり、計画どおりに進んだ。夏から秋の天候によってハダニの発生が少なかったのでミカンナガタマムシの特別の防除が入ったほかは、予定どおりに防除が行われた。防除の効果もよく、ヤノネカイガラムシ、ミカンハダニのような重要害虫が明らかに減少した。防除に要する労力は、はじめのうちは計画より多めにかかったが、慣れるにつれて減少した。そうして収穫される果実の品質もよくなった。

一方、早岐の共同防除地区はスムーズには進まなかった。施設の設計施工の不備が後からわかったり、野菜や花のための農作業がミカンの防除時期と重なったりして、防除は計画の半分くらいしか実施できなかった。しかも労力が大幅に減少するはずの共同防除にかえって労力が多くかかるといった事態さえ引き起こした。それは、これまで背負式の噴霧器で散布していた農薬を、配管の栓につなぐ長いホースで散布するため、ミカン園の間作につくっている野菜や花が邪魔になってうまく散布できないためだった。花畑の中を通すホースを数人で持ち上げて花を傷めないようにしているといった予想外の光景が見られた。防除効果も十分には上がらず、この施設の建設と運用、そのための投資は地区の人たちにとって大きな負担になった。

この二つの共同防除地区についての3年の調査の経験によって、病害虫防除は病原菌や害虫の密度を減らす理論や技術そのものよりも、実際の農家の経営のあり方によってよくも悪くもなりうることを、私は身をもって知った。私は、1963年（昭和38年）からは、新しいミカン産地で熱心なリーダーに恵まれた島原半島北部の千々石町の岡東共同防除地区を取り上げて3年以上の調査を繰り返して、ミカン病害虫防除をめぐる多くの問題点を知ることができた。この岡東地区の調査は、約12ヘクタール（ミカンの木1万2千575本）の広いミカン園の中に100点の病害虫・天敵密度調査点を設定して年4回の調査を行うもので、ミカンの病害虫と天敵

図8　島原半島のミカン新興産地・千々石（1968年）

　の生態について多くのことを明らかにした。

　これらの共同防除地区を中心にしたミカン病害虫防除の実態調査は、その後の私の農業と病害虫防除について考えていく基礎になった。この仕事は1961〜65年（昭和36〜40年）まで私の仕事のなかで大きな比重を占めていた。これはまた、たくさんのミカン栽培農家の方々と直接に付き合うよいきっかけともなった。私は調査をしてデータをとると同時に、農家の人たちとミカン園を歩き回り昼食をともにし、時にはそのお家に泊めていただいてお酒をくみかわしながら、ミカンのことだけでなく村のさまざまなことを聞かせてもらった。

　それは、この日本の西の端に住む人たちの、近世から現代に至る生き方を教えてくれた。私はよくこれを詳しく記録したいと思った。しかしそれは記録して人目にさらすには、あまりに切実なものが多かった。

図9 千々石集団産地の現地農家との病害虫発生共同調査。農家の人たちに病害虫の見分け方と数え方を説明しているところ (1968年)

当時のミカン栽培の中心になった農家や技術者の人たちの多くは、私より年長で太平洋戦争の参加者であり、その足跡は中国大陸やシベリアから東南アジア全域にわたっていた。その経験と視野は、日本の僻地農村に閉じこもったものではなかった。戦争の痛みと悲惨さを身をもって知った人たちが、ここで平和に生きるための土地を築き上げようとしていた。戦場に立った人たちは戦争のことをほとんど口にはしなかったが、戦争が二度とあってはならないということをその身体で示していた。千々石の町は日露戦争の「軍神」橘中佐の出身地である。この町の前に広がる海は今でもその名をとって橘湾と呼ばれている。戦争中に建てられた大きな橘神社もある。しかし私がここに通った3年間、橘中佐の話を聞いたことがなかった。過去を切り離して

この土地に落ち着いた心豊かな暮らしを建設しようという農村の人たちの生き方が私の胸に響いた。

当時、日本の都市は高度成長の波にのって発展し始めていた。しかし農村にはまだその恩恵は及ばず、人々は長い苦しい労働のなかで必死になって生きていた。その後日本全国で広く使われるようになった耕運機はまだ普及しておらず、昔ながらの重い人引きの鋤——主に女性が肩にかけて引いて男性が舵をとっていくので、女性を牛馬の替わりに使っているとして農村の封建性のシンボルのように見られたもの——が使われていた。私は会議や事務連絡のため上京すると、日本のなかで一握りの都市だけが栄えているということを身にしみて感じた。この意識は私がその後どこにいて、何をしていても頭の一隅から離れなかった。

私は農業病害虫防除の仕事を個々の虫の生態の研究からではなく、このような農家の人たちの生活に触れた病害虫防除システムの調査から始めた。このことは、それによってその後のものの見方が大きく変わった点で非常によかったと今でも思っている。

3章 ヤノネカイガラムシとの闘い

肥前国喜々津郡伊木力村舟津郷鹿島、古い文献に出てくるこの地名は、日本の農作物害虫の歴史に、消えることのない記録となって残っている。ここはわが国のミカン害虫のうちで、最大の害を出してきたヤノネカイガラムシが、初めて発見された所である。

西海の青い水を静かにたたえている大村湾の奥の一隅、本土から150メートルくらい離れた所に浮かぶ小島の長さ500メートルにもたりない細長いひょうたん形の小島には、明治の中ごろから3町歩（約3ヘクタール）ほどのミカン園があった。

1906年（明治39年）、この島のミカンに、それまで見たことのなかった茶色の細長いカイガラムシがついているのが発見された。原産地不明のこのカイガラムシは、おそらく中国南部から船荷のミカン果実、あるいは鉢植えのミカンの木について侵入したものと思われる。このあたりの農家では、この虫が最初に発生したミカン園の持ち主の名前に由来すると言われるセキエモンサビューという名前を今も使うことがある。「サビ」というのはこの地方で作物の病気や害虫一般を指す呼び方で、つまり関エ門（または赤エ門）という人のミカン園に出た害虫ということである。この虫は農商務省農事試験場（注4）の桑名猪之吉博士によって新種とされ、その鏃のような形から、和名をヤノネカイガラムシと名付けられた。これがその後長く続いたわが国のミカン園の、

第1部　果樹農業の現場で　　42

図10 ヤノネカイガラムシが日本で初めて発生した鹿島。海は大村湾

　害虫と農民および農業技術者との厳しい闘いの始まりだった。

　古い記録では十分にはわからないが、江戸時代から明治の中ごろまでは、日本のミカンにはそれほど致命的な害虫はなかったように思われる。1906年（明治39年）に発行された松村松年博士の『日本害虫目録』のなかには、柑橘害虫として33種類が挙げられているが、ヤノネカイガラムシは入っていない。また、その後ミカンの重要な害虫として知られるようになったルビーロウムシ、イセリヤカイガラムシ、ミカントゲコナジラミ、ミカンハダニ、ミカンサビダニなども入っていない。このことは、ヤノネカイガラムシをはじめとする現在の柑橘の大害虫が、日本の害虫相のなかに登場したのがごく近年であることを物語っている。

　ヤノネカイガラムシは、その侵入以前から日本のミカン園に広く分布していたコンマカイガラムシやミカンナガカキカイガラムシとよく似

3章　ヤノネカイガラムシとの闘い

図 11 ヤノネカイガラムシのミカン果実寄生

た形をしていて、大きさもあまり変わらないが、ミカンの木に及ぼす害の激しさはこれらの以前からいた在来害虫とは比べものにならなかった。ミカンナガカキカイガラムシなどはかなり増えても、ミカンの木はあまり衰弱したようにも見えず、そのうちに害虫は自然に減ってしまう。害虫と寄主植物の間、あるいは害虫と天敵の間になんらかの生理的あるいは生態的なバランスが保たれているらしく、ミカンの木とこれらのカイガラムシは長期にわたって共存しており、破局に達するようなことはなかった。

ところがヤノネカイガラムシはいったん増え始めると、その勢いは止まるところがなかった。まず木の頂上部や内ふところの枝などの、目につきにくい所で増えて、2〜3年のうちに木全体に広がり、ミカンの木が枯死するまでその勢いは止まらない。木が枯れるともちろん、その木についていた虫も全滅して共倒れになる。自然の調節作用の働かない、いわゆる暴走型の害虫だった。

不幸にして、当時、伊木力村は日本でも有数の温州ミカンの産地であり、ここから多くの苗木が他府県に送り出されていた。甘味の強い伊木力系温州ミカンの名は全国に知

第1部　果樹農業の現場で　　44

られた。ヤノネカイガラムシはその苗木について各地に送られて、全国のミカン産地に広がった。ほとんど対策を立てることができないまま、各地のミカン園はこの虫に侵され、明治末期から大正期にかけて、この虫によって壊滅したミカン産地が各地に現れた。この虫を広げた長崎県に対する怨みの言葉が、今でも東海地方のミカン産地の記録のなかに見られる。

もちろん、長崎県の産地も必死だった。アメリカやヨーロッパの農業技術の中から、この虫の駆除に効果のありそうなものを探した。セイロン（現在のスリランカ）の茶園から石油乳剤（現在の機械油乳剤）が、アメリカの柑橘園から青酸ガス燻蒸（くんじょう）が導入され、日本のミカンとその風土にあうように改良された。硫酸亜鉛加用石灰硫黄合剤というちょっと考えつきにくいような薬剤まで考案されて使用された。その改良の過程も、失敗に続く失敗である。努力の積み重ねであった。長崎県農事試験場に残る石油乳剤改良試験の記録を見ると、失敗に続く失敗である。初期の試験ではいずれもこの薬剤は人体に危険はほとんどなかったが、ミカンの木に甚だしい薬害を与えた。それにもかかわらず、毎年の害虫を殺す前にミカンの木の激しい落葉を引き起こし、木を枯らせてしまった。試験木を枯らせていく、その試験成績の連続を、もう変色した薄い紙に書かれた古い書類の綴じ込みから読みとっていくと、ヤノネカイガラムシの害を何とかして防がなければならないという農民と技術者の苦痛が身にしみて感じられ、肌が冷える思いがした。私がミカンの害虫防除の仕事に従事し始めた昭和30年代でも、この石油乳剤の後身として実用化していた機械油乳剤はしばしばかなり大規模な薬害を起こした。これが安心して使えるようになったのは、石油の精製技術が向上した昭和40年代のことである。

青酸ガス燻蒸の歴史はもっとすさまじい。ミカンの木に厚いゴム布や油紙のテントをかぶせ、その中に濃硫酸入りの壺を据えて、青化カリを手早く投げ込み青酸ガスを発生させる作業は、従事する人には甚だしく危険な

3章　ヤノネカイガラムシとの闘い

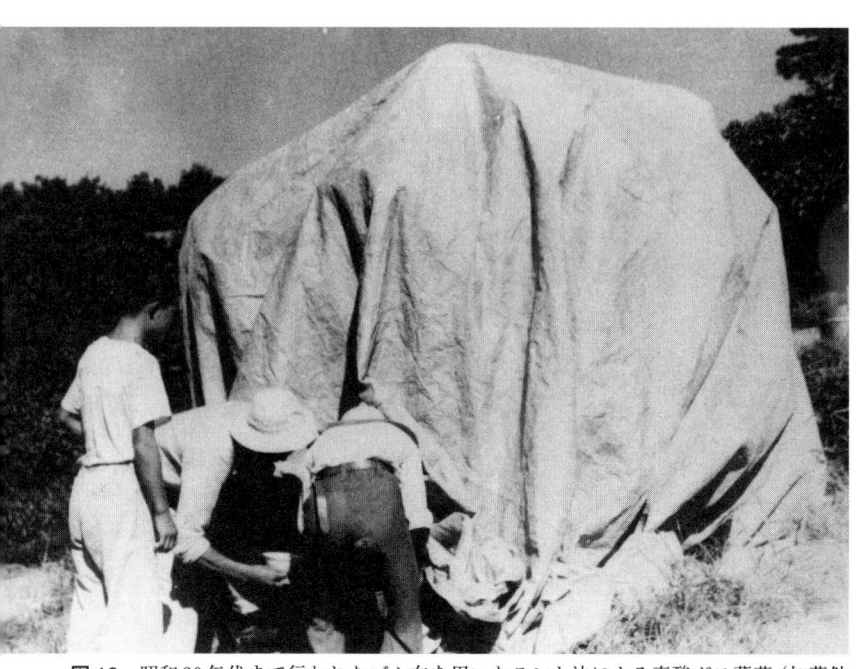

図12 昭和20年代まで行われたゴム布を用いたテント法による青酸ガス薫蒸（加藤勉氏提供）

仕事だったが、効果が高いのは夏期燻蒸だったが、暑い真夏のミカン山の急斜面に重いゴム布のテントを担ぎ上げて（もちろん、当時は軽いビニール製のテントはなかった）、長い竿を使ってテントを木にかぶせ、裾からガスがもれないように石などでおさえて、その中に猛毒の青酸ガスを発生させる作業は、人身事故が起こらなかったら不思議なくらいである。そのうえ、この処理でもミカンの木にひどい落葉を生じることが多かった。

ヤノネカイガラムシの防除を至上命令として、長崎県は燻蒸作業の専従者をおいてこれを強行した。ひとつ間違うと死者を出す危険な作業であるうえに、激しい落葉でミカンの木が衰弱するのを知った農民は燻蒸に反対し、その対立は時には作業の妨害にまでエスカレートした。県と国の植物防疫所は巡査（警官）を動

第1部　果樹農業の現場で　　46

員して作業員を守り、農民の投石のなかで燻蒸作業を強行した。大正年間のこれらの記録を読むと、ヤノネカイガラムシの侵入が引き起こした波紋がいかに大きかったかがわかる（注5）。

このような曲折を経ながらも、青酸ガス燻蒸はしだいにミカン産地に定着していった。私がミカン園で害虫防除の仕事を始めたころは、ちょうど、新しく開発されたフッ素剤や有機リン剤によるヤノネカイガラムシ防除の技術がミカン園に入り始めたころだった。私は従来からの産地の古くからのミカン栽培者の意見を聞いて回ったことがある。その40年前にガス燻蒸反対で血の雨を降らせたこの村の記録を読んでいた私は、一度定着した習慣がいかに根強いものであるかについて、深く考えさせられた。ただし実際には薬剤散布がまもなく普及して、その後はガス燻蒸は行われなくなった（注6）。

私は今も真夏の焼けつくようなミカン園にただよう青酸ガスの鋭い匂いを思い出す。青酸ガス燻蒸がフッ素剤の8月散布にかわり、そうして低毒性有機リン剤（ジメトエート―ペスタン―ビニフェート―スプラサイドとかわっていく）の6月散布に移りかわっていくヤノネカイガラムシの春・夏季防除の歴史を私は見てきた。

しかし今も、ヤノネカイガラムシはミカンの最大の害虫としての位置を動かない。現在のミカン園におけるその生息密度は低いが、これはヤノネカイガラムシ防除を中心にして組み立てられている現在の防除暦のシステムが、この虫の密度増加を抑えているからである（注7）。

ここで、カイガラムシという特殊な昆虫について、ちょっと説明しておく必要がある。この類はセミやアブラムシと同じような半翅目同翅亜目（現在ではカメムシ目ウンカ亜目と言われることが多い）に属する昆虫だが、およそ昆虫らしくない。幼虫はふ化直後のわずかな時間だけ歩き回ることができるが、食餌をとる場所を決めて落ち着くと、それ以後は寄主植物体の上に定着して、針のような口を植物に差し込んだまま移動しなくなる。

3章　ヤノネカイガラムシとの闘い

図13 ヤノネカイガラムシにより枯死したミカンの木

土地に根を下ろした植物のようなものである。定着すると間もなく硬い貝殻のような物質を出して体を覆い、気候変化や外敵から身を守る。種類によっては綿状あるいは軟らかい蝋状のもので体を包む。雄は一度定着したあと幼虫期間はずっと植物についたままで過ごし、成虫になると薄い翅を生じて飛び出す。雌は成虫でもカイガラをかぶって固着したまま雄がくるのを待って交尾し、カイガラの下に卵を産んで死ぬ。このように固定した生活をする動物は、海岸の岩場などでしばしば見られるが陸上では少ない。この固着生活は決して原始的なものではなく、一種の極端な特殊化の結果のように思われる。カイガラムシの類は現在の人間による環境改変のなかでよく生存しており、都市化の指標生物の一つでもある。

ヤノネカイガラムシの生態調査は、全国のミカン産地でほぼ同じ方法で始められた。

ミカンの葉について越冬した雌成虫を1個体だけ残して他はすべて針先で取り除き、葉柄に一種のトリモチを塗って周囲の枝から虫の侵入を防ぎ、ふ化してくる黄色い粟粒のような一齢幼虫の数を雌から生まれてくる幼虫数と発生時期を調べる。方法は簡単だったが、全国25府県が同じ方法で調査した資料がまとめ上げられると、ふつうの研究では容易にわからない多くの事実が明らかになった。日本全国のミカン産地がヤノネカイガラムシの発生型により三つの地域に分かれることがわかったのもその一例である。つまり年2回発生の神奈川県と、年二化と三化が混在する静岡県から熊本県までの地域と、年3回発生の鹿児島県である。

この虫は、一般のカイガラムシでは判別困難な一齢幼虫の雌雄が、定着する位置から簡単に見分けられるという特性があった。雄一齢幼虫は葉脈間に集団をつくってつくのに対して、雌は葉脈上か葉縁に1匹ずつバラバラにつくのである。この雌の数と成長を調べることによりこの虫の増殖率を知り、また防除の時期や防除の要否を決定する技術が、他の害虫よりもずっと高い精度で確立した。静岡県柑橘試験場や佐賀県果樹試験場の研究は、これらの技術を進める中心的役割を果たした。

私はヤノネカイガラムシの研究を、越冬死亡率の調査から始めた。秋の終わりに虫の定着している葉や小枝にラベルをつけておき、毎月1回その数を数えて虫の減り方を見ていくのである。こう書くと簡単なようだが、実はこの方法には問題がある。カイガラムシの場合、虫は植物に固着して動かないから、他の動物と違って数を数えるうえでの困難は少ないが、そのかわり虫が生きているのか死んでいるのかはっきりしない。カイガラムシの生死の判定は、それ自体が一つの研究テーマであって諸外国で幾つもの論文が出ている。特に虫の生理活動の少ない冬の生死判定は非常に苦労する。

私たちや他の試験場の調査では、ヤノネカイガラムシの雌虫の冬の死亡率は非常に高かった。無事に冬を過ごして翌春の繁殖に参加できるのは、冬のはじめに生きていた個体の2割もない。ヤノネカイガラムシにとっ

49　3章　ヤノネカイガラムシとの闘い

て、日本の冬は実に厳しい。南方から入ってきたと推定されるこの虫の一面を示しているように思われる。

冬を越した雌虫は、春遅く産卵を始める。産卵は長期間にわたって行われ、カイガラの中にある虫体の下に産み出された卵はすぐにふ化して、一齢幼虫がカイガラの外にはい出してくる。そうして少し歩いて葉や緑枝の上に定着するのである。産卵した雌成虫はしばらく休んでもう一度産卵するが、二度目の産卵は一度目よりかなり少ない。第2回の産卵をすませると母虫は死ぬ。

そのころには、早く生まれた次の世代の雌は成長し、間もなく産卵できるようになっている。この夏世代の雌成虫が産んだ子虫は、葉や緑枝のほか、果実につくものも出てくる。そのうちで早く成長したものは年内に成虫となって産卵するが、多くのものは産卵せずに越冬に入る。もちろん、関東のミカン産地では秋世代そのものが発生せずそのまま越冬するし、南九州では夏世代がすべて秋の世代を産み出す。

このようにして明らかにされた発生経過をもとにして立てられた防除対策が、ヤノネカイガラムシの密度を下げるのに大きな効果を上げた。それは１９６０年代から広がった低毒性有機リン剤による第一世代防除である。農薬と言えば一般の人は害虫でも何でも殺すように考えがちである。しかし実際には、薬剤の種類によって効果のある害虫、あるいは病原菌は決まっている。また、効果がある害虫や病原菌についても何時でも効くのではなくて、特定の時期にしか効かないことが多い。有機リン剤のなかでもよく効いたジメトエートでも、ヤノネカイガラムシに対しては、一、二齢幼虫だけに効き、それより成長したものにはあまり効果がなかった。

ヤノネカイガラムシの第一世代幼虫の発生にはきわめてはっきりした特徴があった。それはふ化曲線の形が年や地域に関係なく、ほぼ一定していることである。そうして、有機リン剤の効く一、二齢幼虫が最も多くなるのが、ふ化開始からほぼ35日目であった。この時期を目安にして散布すれば、園のヤノネカイガラムシの幼虫を

第１部　果樹農業の現場で　50

ほとんど全部殺すことができた。したがって、毎年５月上・中旬になれば園をひんぱんに見回ってヤノネカイガラムシ幼虫を見つけ、その日から３５日目に防除を予定することによって、きわめて高い防除効果が上がった。これは直ちに各県の害虫防除指針に取り入れられた。

こうして一齢幼虫の初発から３５日目に有機リン剤散布が一斉に行われてこの防除がほぼ確立すると、次に問題となったのは、無駄な防除をなくすことだった。

ヤノネカイガラムシ防除体系が確立したとき、その高い効果にひかれて、どのミカン園もジメトエートを散布した。その結果、ヤノネカイガラムシがすんでいない園にまで散布が行われた。農薬は決して安くはない。さらに、農薬公害の問題はようやく社会の注目をあび始めていた。無駄な農薬散布をやめることは、農業経営のうえからだけでなく、農薬の危害防止あるいは環境保全の点からも重要になってきた。

１９６０年代から７０年代の温州ミカン園の病害虫防除はふつう、病害では黒点病、害虫ではヤノネカイガラムシの防除を中心にして組み立てられていた。ヤノネカイガラムシの防除方法がほぼ確立されたとき、ミカン園の一年間の殺虫剤散布は冬の機械油乳剤、６月の有機リン剤、８月の有機リン剤（初期はフッ素剤）の３回が中心になった。冬期散布は越冬害虫一般を、６月散布はヤノネ以外のカイガラムシ類を、８月散布はミカンハダニを同時に防除する効果もあった。この散布システムを変えると、ヤノネカイガラムシ以外の害虫に対して別の対策が必要になってくる。また、ヤノネカイガラムシに寄生するヤノネキイロコバチの個体群密度を下げるためには６月散布の効果が大きいが、果実に寄生するヤノネカイガラムシの個体群密度を下げるためには８月散布が有効である。ここで害虫防除の目的とし、農業の実務家は商品としてのミカンの価格を上げることを目的とする。害虫の密度を下げれば、結果的にはミカンにつく虫も減るから、この二つは同じことだという論議は、毎年の販売価格に農家の生活がか

51　３章　ヤノネカイガラムシとの闘い

かっている農業の現場では空論に近い。ミカン園全体の生息密度が低くなっても、果実に1、2頭のカイガラムシがつけば価格は大きく下がるのである。また、冬の機械油乳剤は薬剤費も安く毒性も低く天敵に及ぼす害も少ないが、木の生理状態や散布時の気象条件によってかなりの薬害を出すことがあるうえに、冬に出稼ぎをする地方では散布作業の人手がない。こうして一応確立したヤノネカイガラムシの防除体系も社会条件の変化にともなって見直さなくてはならない点が次々に出てくる。さらにこの寄主と共倒れするというその種にとって不利な性質をもつヤノネカイガラムシが、もともとミカンの害虫なのか、あるいはヤノネカイガラムシと共存できるような柑橘が南アジアのどこかにあるのか、そういった問題はまだ今後に残されている。

注4　後の農林水産省農業技術研究所、現在では独立行政法人農業・食品産業総合研究機構の一部となっている。

注5　長崎県から各地方に広がるカノネカイガラムシとルビーロウムシの対策を迫る全国のミカン産地の声に対応して、国（農商務省）と長崎県が青酸ガス燻蒸を実施した。この駆除作業を組織的に開始した1912年（明治45年）、伊木力村の農民は強く反対した。今になると実態は確かめられないが、農民が反対理由として挙げた左記の4項目を見ると、よくこのような事業が強行できたものだと思う。同時にヤノネカイガラムシ問題がミカン産地の存立にかかわると感じていた全国のミカン農家の目を見る思いがする。

(1)　事業中に5〜6名の死亡者をだし、事業に従事したものは10年くらい短命となる。
(2)　木は半ば枯死し、枯死せざるものも両3年くらい結実しない。
(3)　間作物は無収穫となる。
(4)　鶏、犬、猫などは全滅する。

注6　機械油乳剤と青酸ガス燻蒸の歴史は有機合成農薬の大量使用が始まる以前のことであり、日本の農薬問題の前史とも1912年から1919年にかけて、長崎県では計31万5千816本のミカンの木の燻蒸を完了している。

第1部　果樹農業の現場で　52

注7 この初版が出版された1990年より少し前に中国南部で発見されて日本に導入されたヤノキイロコバチとヤノネツヤコバチは、数年のテスト期間を経て1990年代に広く各地のミカン園に放されて、ヤノネカイガラムシの密度を大きく低下させるようになった。その結果、現在ではヤノネカイガラムシはミカンの重要害虫でなくなったとも考えられているが、この天敵放飼はミカンを加害するその他の病害虫を防除する農薬散布を制限するために、新たな問題を生じる。この虫が日本の農業害虫防除の歴史に残したその他の農業と環境問題を考えるうえでさまざまな意味をもっている。

現在でもこの天敵によるヤノネカイガラムシ防除は、天敵を定着させて害虫とのバランスを保たせるのではなく、毎年、天敵を放して1年ごとに使い捨てる生物農薬的な手法に頼っている。それは他の病害虫に対しては農薬散布が必要であり、そのたびに天敵も死滅するためである。

また近年になって、外国あるいは遠く離れた地域からの新しい天敵の導入は、原生の生態系や生物多様性を撹乱するおそれがあるので、抑制されるようになっている。

53　3章　ヤノネカイガラムシとの闘い

4章 天敵と農薬

1970年代になって農薬による人体危害と環境汚染が大きな問題になるとともに、農薬にかわる害虫の防除方法がいろいろと論じられてきた。その場合いつも「天敵」が大きく取り上げられた。日本の病害虫防除が農薬にたよりきり、その他の方法をかえりみないと、ジャーナリズムなどによく批判された。有吉佐和子氏の『複合汚染』の新聞連載（1974～75年（昭和49～50年））は、その農薬批判ブームの一つのピークをつくった。これらの論議のなかでしばしば槍玉にあがったのは日本の農業技術者と、農薬を生産する国内のあるいは外国の企業との、強い結びつきであった。

日本の病害虫防除技術者は、農薬の開発、製造、流通の関係者と絶えず情報を交換し、人間的にも強い結びつきをもってきたことは事実であった。しかしその根本には、農薬以外に病害虫の信頼できる防除方法がないという切実な体験があった。よりよい防除方法をつくるためには農薬関係者と常に連絡をとり、現地の病害虫防除の問題点を知らせ、協力して農薬とその使い方の改良に努めることが必要だと現場の多くの技術者は思っていた。同時に現場の防除関係者は農薬の害を農民や自分自身の体に生じる皮膚のカブレや健康障害と作物の薬害の形でよく知っており、できることなら農薬以外の防除方法に切り替えるほうがよいと考えているものが多かった。

第1部　果樹農業の現場で　54

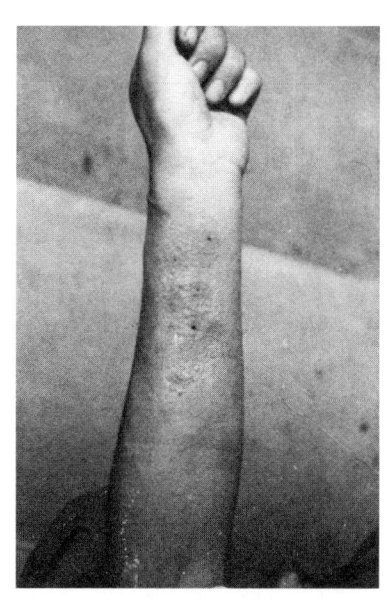

図14 殺菌剤によって生じた皮膚カブレ。散布作業中に薬液がかかったもの

1970年当時、日本にも九州大学農学部を中心にかなりの数の天敵研究者がいて、天敵による害虫防除の方法を研究していた。しかし一方、実際の病害虫防除を進める各県の農事試験場、病害虫防除所、農業改良普及所、農協指導部などの人たちは、天敵に対する関心は低くはなかったが、実際の防除にあたっては農薬中心の防除技術を推進した。

天敵利用の実験は大学や、国立の農業試験場の手で進められ、時には現地試験も行われて、かなりの成績をおさめた。ジャーナリズムはこの天敵による害虫防除実験の成功を報道し、これによって農薬使用が減り環境汚染が少なくなることを期待した。しかしこれらの天敵利用の新技術が、農業の現地で組織的に活用されることはほんどなかった。それは現在の農業が、天敵の利用にいかに不向きな環境になっているかを示すものだった。なぜそうなったのか。私が長崎県の農事試験場で数年の経験を経てさとったのが、この実

55　4章　天敵と農薬

私は、害虫の天敵である寄生蜂の研究から農業技術の分野へ入った。私が理学部の動物学科を卒業しながら方向違いの農業技術の世界に入ったのは、大学院のときに研究テーマとして寄生蜂を材料として、昆虫の「種」の分化の問題を取り上げたからである。生物進化をめぐる諸問題の一つの焦点は、有名なダーウィンの著書の表題ともなった『種の起源』である。ある種が他の種に変わっていくメカニズムの解明が、私の学生時代から強く関心をもったテーマは、この問題を専攻することを選んだ。その理由は自然環境のなかで種が変化し新しい種に固定する主な要因は、遺伝子の変化だけではなく、変化した遺伝子が表した性質をもつ個体が環境に適応した生物の生き方にあると考えたからだった。動物の場合、それは行動様式の変化に最もはっきりと現れるだろう。この考えは大学の4年のころに私の中にでき上がった。大学院では環境の変化に応じた動物の行動の変化とそれが固定する過程を野外で、あるいは実験室内で証明しようと努力した。その材料として取り上げたのが、ルビーロウムシに寄生する小さなオレンジ色の寄生蜂、ルビーアカヤドリコバチであった。

ルビーアカヤドリコバチはミカンなど果樹の大害虫であるルビーロウムシの天敵であったから、このコバチを研究するうちに果樹害虫の研究者とのかかわりも深くなった。特に大学院の2年目に、農林省の九州農業試験場園芸部（その後、園芸試験場久留米支場となり、さらに果樹試験場口之津支場となる）（注8）の害虫研究室で田中学氏からこのコバチの研究の手ほどきを受けたことは、私が果樹、特にミカン農業と密接にかかわるきっかけとなった。

第1部　果樹農業の現場で　56

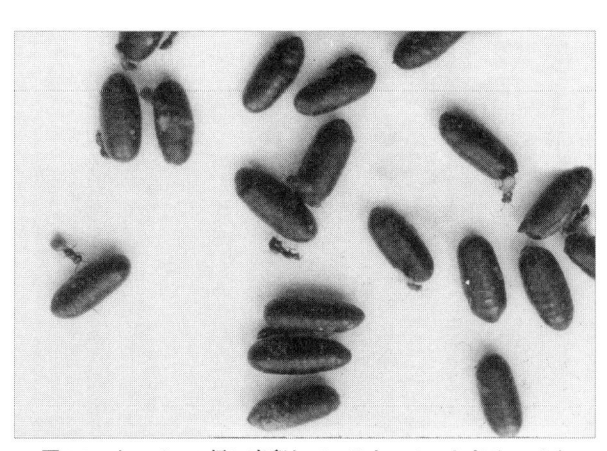

図15 イエバエの蛹に産卵しているキョウソヤドリコバチ

　大学院を終えて京都府の衛生研究所に就職してからは、京都府で衛生害虫であるハエの生物防除を研究していたグループ、特に上本騏一氏の手ほどきを受けて、ハエに対する各種の寄生蜂の生態と、行動の変異の研究をした。なかでもイエバエに寄生するキョウソヤドリコバチを累代飼育しながら、その寄主選択性の変異と遺伝についての実験を繰り返し行った（注9）。

　こうして大学院以来7年あまり寄生蜂の研究をしてきた私は、病害虫防除技術の担当者として長崎に赴任するときには、天敵利用による害虫防除の研究と、その実用化を自分に与えられた課題と考えていた。

　さらに私は自分が農学部出身でもなく、また農学系の研究機関に勤務したこともない農業技術者としてやや型破りの経歴で農事試験場に採用された背景には、農林省の植物防疫関係者の間で、私を将来、天敵利用の問題を担当する研究者に養成していこうという考えがあるらしいことを推測していた。それは当時国庫補助事業として福岡県農事試験場に委託されていた、天敵シルベストリーコバチ保存配付事業を、私の長崎県着任から1年遅れて長崎県農事試験場に移したことからもわかった。

　そのような予算措置の背景には、農業技術の分野にほとん

57　　4章　天敵と農薬

経験も実績もない私に天敵の研究をさせ、将来、長崎県だけでなく全国的な農林害虫の天敵利用研究のメンバーの一人に育てようとする意図がうかがわれた。私はまだ30歳になったばかりであったが、その配慮をありがたく感じていた。しかし私は結果的にはその配慮に応えられなかった。それは私が赴任した長崎県の農業のなかで得たさまざまな経験が、私を別の方向に動かしたからである。

ここで日本の農業における天敵利用の歴史を見てみよう。それはミカン産業で行われた三つの成功例にまとめることができる。イセリヤカイガラムシに対して1911年(明治44年)に静岡県に導入されたベダリヤテントウムシ、ミカントゲコナジラミに対して1925年(大正14年)ころに長崎県に導入されたシルベストリーコバチ、ルビーロウムシに対して1947年(昭和22年)ころに福岡県で発見されたルビーアカヤドリコバチである。このなかで、私が長崎で保存、配付の仕事を行うことになったシルベストリーコバチの例について、少し詳しく述べてみよう。

ミカンの重要害虫ミカントゲコナジラミは明治30年代に、ヤノネカイガラムシと前後して、長崎港を経て日本のミカン産地へ入った。原産地は中国南部らしい。この虫の発生は局地的であったが、多発したときのミカン園の被害は惨憺（さんたん）たるものだった。

カイガラムシ、コナジラミ、アブラムシなどのような、カメムシ目ウンカ亜目の虫には、植物の枝や葉から盛んに汁液を吸って、栄養を取ったあとの糖分を含む液を大量に排泄するものがある。ミカントゲコナジラミはこの虫の排泄物はミカンの枝葉に降りかかる。虫の排泄物のかかった枝葉は真っ黒なスス病菌の膜で覆われる。この液自体には有害な作用はないが、この液で特異的によく繁殖するスス病菌という黒いカビがある。果実につけば果実を黒く汚してしまい、商品としての価値は大きくの膜は日光をさえぎり葉の光合成を妨げる。

第1部　果樹農業の現場で　58

図16 ミカントゲコナジラミ

く低下する。こうして、ミカントゲコナジラミは、ヤノネカイガラムシのようにミカンの木を直接に枯らすことはないが、木を弱らせ、果実を汚してミカン農家に大きな損害を与えてきた。

ミカントゲコナジラミは風通しのよくないミカン園で多発した。多発した園は枝も葉も真っ黒になりよく目立った。ヤノネカイガラムシのように虫も被害もなかなか目につかず、目立つようになったころには木が枯れかかっているものを陰性な大害虫とすれば、ミカントゲコナジラミは陽性な大害虫だった。長崎の古いミカン農家はミカントゲコナジラミを「メジロ」と呼んでいた。

1925年春、イタリアの昆虫学者で寄生蜂の権威だったシルベストリーは、中国南部の広東（現在の広州）郊外で、ミカントゲコナジラミに寄生する小さな黒い蜂を発見した。当時長崎税関にあった農商務省（現在

59　　4章　天敵と農薬

の農林水産省）の植物防疫所の石井悌氏（後に日本の天敵研究の権威になり、東京農工大学の学長となる）の依頼により、シルベストリーが広東から持参した20個体あまりのこのコバチが、長崎市外の伊木力村田中郷（当時）のミカン園に放飼された。その年の5月25日である。このコバチはその後、順調に増えて、数年のうちに伊木力の産地のミカントゲコナジラミの密度を大幅に低下させた。このコバチを記念してシルベストリーコバチと名付けられたこの蜂は、日本における天敵利用の成功例として、多くの本や解説に記されている。

私は長崎県に着任するとこのシルベストリーコバチの保存配付事業に取り組んだ。保存配付事業というのは、天敵が絶滅しないようにいつも生息場所を確認し、必要があれば相当量の個体をまとめて、この害虫の駆除が必要となった所に送ることである。

天敵の系統保存の仕事をしていると言えば、大きな飼育室で天敵を飼い続けているように思われている。しかし実際には野外のミカン園などでその害虫が少し残っている所を確認しておき、それに寄生している天敵がなくならないように見守っていくのがふつうであった。実験室などで天敵を飼い続けようとすれば、確立していても大きな施設と人員と予算が必要になる。まして飼育技術自体が確立していない状態では、この現地保存が唯一の方法であった。

調べてみると「メジロ」はまだ古い産地の所々に少しずつ生息していた。それを採って帰って大きなガラス瓶に入れておくと、シルベストリーコバチが羽化してきた。この蜂については文献などを通じて知っていたが、私はシルベストリーコバチの実物を見て、小さいのに驚いた。黒い点のようで、鉛筆を削った粉と見間違うほどだった。私がそれまでに取り扱っていたルビーアカヤドリコバチやキョウソヤドリコバチよりもはるかに小さい。あまり小さいので、ふつうの網を張った飼育箱では蜂は網目を通り抜けてしまう。その寄生率も低く、このコ

第1部　果樹農業の現場で　60

図 17 ミカントゲコナジラミの発生した園におけるシルベストリーコバチ放飼の様子(コバチの寄生したトゲコナジラミがついているミカンの葉を網袋に入れて園内に吊るす。葉がぬれてカビが生えないように袋の上からビニールをかけてある)

バチの保存はできても増殖は至難のことだった。

実際に農事試験場の仕事を始めてみると、私はこの天敵にかかりきることはできなかった。私は長崎県の果樹病害虫防除の当面の技術改良にも、重い責任をもったからである。私は自分自身の興味はひとまずおいて、この県のミカン産地が、いま何を必要としているかを全身で知らなければならなかった。

県の農事試験場の技術者は制度のうえでは研究職になっているが、研究だけをしていればよいのではない。また、害虫を専攻したものでも、自分の知っている害虫だけを取り扱っているだけではすまない。少ない職員で広い産地で生じ

61　4章　天敵と農薬

るさまざまな問題に対応していると、病害虫全般に一通り以上の知識と経験をもつ必要があるばかりでなく、農薬、肥料、栽培管理まで、ある程度の話ができ判断ができなければならない。したがってその知識と経験は広く浅くなり、個々の害虫そのものについての検討や分析は不十分になる。県の農事試験場の技術職員が研究者とみなされず、学会などでも大学や国立の農業試験場の研究者から一段低く見られるのは、無理もないことであった（注10）。

このような職場に入ったとき、人は研究者として生きるか、技術的行政官として生きるかの選択に迫られる。多くの人はごく自然に行政官としての道を選び、研究の職場にこだわらず、行政、普及のいろいろな分野を移りながら、その場その場で力をつくしていく。一方、研究者を志したものは、なるべく自分の専門分野を守り抜き、学会などにもできるだけ出席して学問の世界との接触を続け、将来は国立の研究機関か、大学に移って研究者として生きようとする。どちらも意義のある生き方であり、優劣はない。ただ、大学や国立機関の研究者のなかに、地方自治体や民間の研究者を見下す傾向があることは否めない。その理由の一つは、現場の技術者がいつも直面する問題のさしあたっての解決に追われ、根本的解決を考える暇もなく次々に違った現象に立ち向かわなければならないために生じる、一つひとつの問題に対する思考や分析の浅さにあった。私は地方自治体の技術職として自分の立場で何ができるかをいつも考えていた。そうするとこれまでの研究者とは違ったものの見方があるように思った。

多くの科学論を引くまでもなく、研究を進めるには、まず対象となる事柄を、自然あるいは社会のなかで起こっている無数の出来事のかたまりのなかから抽出し、分離しなくてはならない。この分離したものが、一見いかに不自然に見え、常識と違っていても、物事の本質の一面を鋭く表していることには間違いない。これは、現代物理学がわれわれに示したところである。

第1部　果樹農業の現場で　　62

天敵の研究は、農薬による環境汚染が大きな問題になってくるにつれて、ますます社会的関心を呼んできた。大学や国の研究機関ではその研究を進めて、しばしば害虫防除のテストに成功した。しかしそれが現実の農業に適用されて、大きな成果を上げている例は少ない。世界的に見ても、天敵利用が大きな成功をおさめた例の多くは20世紀前半のものである。これはなぜだろうか。

私は数年のミカン病害虫防除の現場での経験を経て、この理由が理解できるようになった。それは先の技術者の二つの立場と関係があった。それは病害虫防除が広い栽培管理あるいは農業経営の一部分であり、天敵の問題だけを分離できないということである。これは「科学」の論理と「農業」の論理の対立であり、「農業」の論理の側に身をおいてみると、それまで見えなかったものが見えてきた。これは「科学」の論理の否定ではない。私は「農業」の側に身をおいてみて、対極する「科学」の立場をより尊重することを学んだ。

天敵研究者はふつう、特定の一種の害虫を駆除する方法を考える。そのために特定の害虫と天敵の組み合わせ、例えばミカントゲコナジラミとシルベストリーコバチの組み合わせを、ミカン園管理をめぐる無数の問題のなかから抽出して、その分離された害虫・天敵系のなかでの天敵の防除効果を調べる。現在、シルベストリーコバチをはじめ幾つかの有力な天敵園ではこの系は他の病害虫の防除と分離できない。この分離した系のなかだったら、数種の重要害虫は天敵だけで防除できるだろう。しかしその他の害虫と病害の防除には農薬を使う以外に方法がない。いくらかでも農薬を使うかぎり、天敵はその有効性を大きく阻害されてしまう。特に、多くの天敵研究者は病害防除の問題をほとんど考慮しない。有機合成殺菌剤のなかには、天敵に対する害が大きいものがある。病害の防除は天敵利用とは無関係ではない。このことが無視されるのは、害虫の研究者と病害の研究者がはっきりと専門分化している大学や国立研究機関の欠陥でもある（注11）。

63　4章　天敵と農薬

１９７０年代になって「総合防除」という言葉が広く使われるようになったが、それは主に、ある場所に存在している多くの種類の病害虫を「総合的」に防除することではなかった。

例えばヤノネカイガラムシとミカントゲコナジラミがかなり発生しているミカン園があったとすれば（ここでは病害は一応別とする）。ここでシルベストリーコバチを放飼してミカントゲコナジラミを駆除しようとすれば、コバチの活動時期などを考慮して、ヤノネカイガラムシとミカンサビダニに対する農薬散布をひかえなくてはならない。そうするとこの２種の害虫によって、ミカンの木と果実はかなり大きな損害を受ける。殺虫剤の発達する以前は、これらの３種の害虫のどれに対しても防除できる農薬はなかったから、天敵によってその利用はやめて、３種とも殺虫剤で防除しようということには、よほど覚悟がいる。それならばトゲコナジラミの害があるだけでも、かなりの利益があった。しかし現在、ヤノネカイガラムシとミカンサビダニに対してよく効く農薬があるのに、ミカントゲコナジラミ防除のために、それを使わずにヤノネとサビダニの害をあえて受けようという計画になるのも、無理はない。それならばトゲコナジラミに対する天敵利用はやめて、散布時期を少し工夫すればトゲコナジラミのために農薬散布の回数を増やす必要はない。こうして天敵利用をやめるほうが防除は簡単になり、全体としての防除効果が上がることとなる。

現実の病害虫の発生状況はもっと複雑であって、防除しなくてはならない病害が２〜３種、害虫が３〜５種同時に発生していることも多い。そのうちの害虫１〜２種だけに天敵を使うと、他の病害虫の防除に大きな支障を引き起こす。それならばむしろ機械設備などを共用できる農薬だけによる防除を進めるほうがよいと考える者も多いだろう。こうして農薬で一貫した病害虫防除体系が発達した。これはミカン園だけでなくて、農業全

体の方向である。大型機械化により農薬散布の効率が上がるほどこの傾向はますます強化される。
農業全体がこのような傾向になったとき、現場の病害虫防除の責任をもつものが、本人はいかに農薬による環境汚染を心配し、天敵利用を考えていても、1種あるいは2種の害虫に対する天敵利用法を適用するために、その他の幾つかの病害虫による被害が増えるのを我慢せよと、農家の人たちに言うことはできない。できることは、特別の考え方のもとに無農薬栽培をしようという農家を個人的に支持し、助言することだけである。
幾つかの害虫で、天敵による防除が実験的に大きな成功をおさめても、産地に広く利用されない理由はこれであった。すべての主な害虫(病害のことはここでは無視するとしても)に対して一つずつ有力な天敵が見いだされ、その利用方法が確立されるか、あるいは農薬以外の方法で防除することができるようになればともかく、1種でも農薬以外の方法では防ぐことができない重要害虫が残るかぎり、農薬で一貫した防除体系を変えることは、産地に大きな損害を強いることになる。
天敵を大量生産して畑に放し、一回ごとに使い捨てにしようという生物農薬の発想は、農薬一貫防除体系のなかに何とかして天敵をはめこもうとする苦肉の策とも言える。しかしこのような無理な天敵の使い方は、農薬だけで主な病害虫が防除できる今の農業のなかには定着しにくい。1960年代に日本でただ一社、この生物農薬にかなりの規模で取り組んだ武田薬品工業も、コナカイガラヤドリコバチで生産システムの企業化、現地実用化試験に成功し、農林省の認可と支持を得てリンゴ産地の防除基準に採用されるところまで進みながら、数年でこの分野から手を引いた(注12)。
こうして、農薬の害をよく知り、その廃絶を心の中で願っている、また、現実に産地で農家の防除を指導するときには、天敵に期待をかけてさまざまな研究を試みている防除技術者たちも、農薬一貫体系の防除を進めることとなった。その結果、農薬による環境汚染がいっそう進んだことは確かである。

65　4章　天敵と農薬

天敵による害虫防除が、どうして現実の農業生産の場に広がらないかについて、私の見たところを述べた。もちろん、このままでよいと多くの技術者は考えていない。何とかして、ますます増加していく農薬使用の悪循環を断ち切り、環境汚染を減らしていこうと、さまざまな試みが農業生産の現場の立場から行われてきた。それはもう天敵だけに依存したものではなかった。ミカン園の管理体系全体を問題にしなくてはならないものだった。私自身の試みも含めて、この方向のいろいろな問題については、また別に述べてみたい。

注8　現在では独立行政法人農業・食品産業技術総合研究機構　果樹研究所　カンキツ研究口之津拠点。

注9　キョウソヤドリコバチという名は、キョウソ（日本の養蚕業でカイコの大害虫であったカイコノウジバエのこと）の寄生蜂として発見されたことから付けられた。

注10　ここに述べてきたのは１９６０年代から７０年代の農業試験研究機関の状況についてである。その後、特に１９９０年代以降に大きく変わってきたが、現在でもその背景となった状況は残っている。

注11　現在ではほとんどが独立行政法人になっている。

注12　ヤノネカイガラムシの章でも述べたように、１９８０年以降に成果を上げてミカンの防除を大きく変えたヤノネキイロコバチとヤノネツヤコバチの利用も、この生物農薬的手法がかなり使われている。

第１部　果樹農業の現場で　　66

5章 ミカンナガタマムシの大発生

　大学で生態学、特に個体群生態学を勉強した人は、生物の大発生という現象について、強い印象をもっているだろう。大発生と言えばふつうの意味ではある種の生物がたくさん増えることをいうが、個体群生態学の用語としてはもう少し厳密な内容をもっている。ふだんはごく少ない生物——主として動物——が、ある年、あるいはその年を中心に数年の間、平年よりもはるかに多く何十倍、何百倍に増えて、ピークに達したあと急激に減ってしまう一連の現象を指している。ピークに達した年にはあたりの環境を一変するような大きな変化を引き起こし、そのあと激減して自滅の道をたどるといったこのドラマチックな現象は、生態学を学ぶものに知られているだけでなく、アフリカの乾燥地帯の空を覆うトビバッタの大群や、極北の草原地帯のタビネズミの、集団で海に入る死の大移動などによって、一般の人たちにもよく知られている。
　多くの生態学者は知識としてこの大発生について知っており、実際に見てみたいと思っている人も多い。しかし、この現象が現代の世界では特別な地域だけで起こるものであって、ふつうには見られないと思い込んでいる。私も長崎に赴任するまでは、一度見てみたいと思っていたが、その期待がかなえられるとは、思っていなかった。
　1960年（昭和35年）の秋、私が初めて長崎県のミカンの主産地である伊木力、長与（ながよ）の村を回り始めたこ

図18 マンガンの過剰吸収による異常落葉（斑点性落葉障害）の葉に生じた斑点

ろ、この地域では異常落葉が大きな問題になっていた。これは秋になってミカンの実が大きくなり始めたころに、ミカンの葉の先のほうに小さなチョコレート色の斑点ができて、それがしだいに増えて大きくなり、しばらくたつとこの斑点のできた葉は落ちてしまうのである。ミカンは常緑果樹と言われているように、冬でも濃い緑の葉を茂らせている。ところがこの斑点を生じた葉は秋から冬にかけてみな落葉してしまい、時には、ミカンの木がナシやカキのように冬には裸になってしまう。これが繰り返されると木は衰弱し、果実が実らなくなる。

この症状は、その数年前から少しずつ発生していた。県内では古くからの産地に多く、被害は30〜50年生のちょうど最も収穫の多い樹齢のものに生じたので、ミカン産地の経済的打撃は大きかった。それは長崎県だけでなく、四国、九州のミカン産地の各県でもいくらかは発生していたが、長崎県では特にひどかった。

第1部 果樹農業の現場で

発生し始めたころは何かの病気ではないかと思われたが、原因となる病原菌が見つからず、また、病気のように木から木へと広がる様子もなかった。これが土壌の酸性化と結びついていることがわかり、マンガンの過剰吸収による症状であることが確かめられたのは、1962年ころである。

この異常落葉（斑点性落葉障害とも呼ばれた）は、さらに夏も冬も厚い葉の層を引き起こした。その一つがミカンの木の樹幹の日焼けとそれによる樹脂病である。ふつうは夏も冬も厚い葉の層に覆われて日陰になっているミカンの幹は、強い日光が当たると日焼けを起こす。日焼けになったミカンの樹幹は細かくひびわれて、一部の皮が剥（は）げ落ち、樹脂がしみ出てくる。この樹脂は傷ついた樹皮を覆って回復を進めるものであるが、樹脂の出る傷口に菌（主に黒点病菌）が入ると、内部の形成層に菌糸がはびこり、病気を広げる。これをミカンの樹脂病というが、これにかかると木は目立って弱ってくる。

1960年ころ、長崎県は今後の目標の一つとして、「大柑橘産地の育成」をかかげていた。伊木力、長与などの産地は、県内でもミカン栽培の先進地という立場にあった。明治・大正時代からのこの先進地は、急斜面に高い石垣を積んで段々畑をつくり、びっしりと植え込んだミカンの木が山肌を覆って、いかにもミカン産地らしい景色だった。それはまた、開園から栽培管理、収穫のすべての作業を人手によった農民の労苦の結晶でもあった。わずかな平野や谷間の水田地帯では生きていけなかった農家の二男、三男や、生活の苦しさに水田を手放した小農が、必死にこの険しい山肌にしがみついて開いたミカン畑だった。今ではこのあたりのミカン農家の生活水準は平地の水田農家を大きく引き離している。平野を追われて、苦闘の末、平野を追い抜いた歴史がここに刻まれている。

私がここで仕事を始めた当時、開拓期の苦労を伝える人たちはまだ幾人か生きておられた。当時の男はほとんど残っていなかったが、今は隠居しているあるお婆さんは私にそのころの話をしてくれた。ミカン園の力仕事

69　5章　ミカンナガタマムシの大発生

は主に男がしたが、収穫したミカンを売りにいくのは女の仕事だった。伊木力から長崎の街までは峠を越えて3里の道である。初冬の朝まだ暗いうちに、女たちはミカンの大きな籠を背負ってこの山道を長崎に向かう。少しでも早く町につけば、街の入口の家々でミカンを高く売ることができる。歩く道程も少なく、利益も大きい。少女たちは明け方の峠道を競争で駆け登った。重いミカン籠を背負ったこの「峠のマラソン競走」を、今は楽しい思い出のように話してくれるお婆さんの皺の深い顔を見ながら、私はこの日本全国に知られたミカン産地の経てきた苦闘を、いまさらのように実感した。

しかしすべての管理を人手にたよるこの産地の形態は、今では重荷になってきた。九州各地の新興産地は、なだらかな斜面に大きな農道を通し、機械化による大規模生産で、安いミカンを大量に送り出し始めていた。今でも伊木力ミカンのブランドは東京の市場では最高の価格をつけていたが、生産量の少ない割に人件費のかかるこの産地の収益はしだいに下がってきつつあった。そこで定置配管式防除施設をつくり、自動車の通れる作業用農道を開き、産地の若返りのために努力していた。その矢先に、この先進地を中心にして、異常落葉が始まり、続いて樹脂病が広がってきたことは、将来の見通しにさらに不安の影を投げかけた。異常落葉が土壌酸性化によること

図19 ミカンナガタマムシ成虫

第1部　果樹農業の現場で　70

図20 ミカンナガタマムシ成虫に食われた葉の食痕

がわかって、対策の見通しにやや安心感が流れかけた1961年（昭和36年）の夏ごろから、次の問題が起こってきた。

この年の春からミカン園にポツポツと枯死した木が見かけられるようになった。樹齢が40年以上のミカン園にカミキリムシなどによって枯死した木が時たま出ることはふつうであるが、この年はその出方がやや多すぎるように感じられた。夏が過ぎるとその数が目立って増えてきた。夏の終わりから秋にかけて、それまで元気に見えて、よく花も咲き、果実もつけた木の葉が突然に黄色くなり、1～2週間のうちに全部落葉する。大きくなりかかっていた果実は、ふつうのミカンの半分くらいの大きさで急に色づき始め、鮮やかな橙色になる。そうして木は枯死してしまう。この枯死した木はミカン園の各所に点々と見られるようになった。

その年の初夏に、成木の多い産地で、ミカンの葉の葉縁を細かい鋸歯状にギザギザに噛んだ、特殊な食痕が認められた。時には葉をそんな形に食っている小さな黒い甲虫が見られた。これはミカンで稀に発見されるミカンナガタマムシであることがわかっていた。この虫はミカン園で時折多発して、木を枯らすことが知られており、その数年前から宮崎県、熊本県でもある程度の被害を出したことが報告されていた。これは樹脂病と並行して発生することが多かった。主に九州

図 21　ミカンナガタマムシによって枯れた木

に分布して、東海・近畿地方のミカン産地では知られていないこの虫は、関東や近畿中心の害虫学の分野ではほとんど研究されておらず、ミカンの栽培技術者が関心をもっている程度であった。今、このミカン園に発生し始めているのはミカンナガタマムシの被害のようだった。

私はこの虫の発生状況が、文献で知っている森林害虫の大発生の始まりに似ていると感じた。それで1961年の初夏の段階で、ミカンナガタマムシに対して特別の対策を立てる必要を、試験場の上司や県庁の園芸関係者に進言した。しかしそのときは、園芸関係の担当者は、樹脂病がおさまればこの虫も自然に減るだろうと言って、あまり注意しなかった。しかし、夏の終わりになると、枯死した木の異常な増加に試験場でも県庁でも関心をもち始めた。この段階で農事試験場の浜口園芸分場長と県庁農林部の

病害虫担当の森専門技術員は、私の意見をよく聞き入れられて、積極的に県庁と県の農業関係者に働きかけた。実態調査と県としての独自の対策立案、農林省への特殊病害虫緊急防除費補助金の交付申請など、考えられる対策が次々にとられ始めた。私は自分の進言がほとんど受け入れられた責任もあって、現地の実態調査と県庁や各産地の対策会議に駆け回った。

ミカンナガタマムシの防除対策は大体次のような方針で行われることとなった。

(1) ナガタマムシ幼虫の食い入っている木を探し出して、被害の大きいもの（主枝が2本以上回復不能のもの）は伐採、焼却する（注13）。

(2) 被害の軽い木（主枝が1本だけやられているもの）は虫の食い入っている部分を切り取って焼却し、残りは羽化脱出防止剤を塗る。

(3) 来年の成虫の羽化時期に、発生地域全体のミカンの葉にエンドリン乳剤を散布して葉を食う成虫を殺す。

虫の加害状況の調査は県、市町村、農協の技術職員と栽培農家で班を組織して各産地で実施した。この伐採、焼却、農薬散布は農家のグループで実施した。伐採、焼却の費用と農薬費は県と生産農家が半分ずつ負担した。また県はこのために国に補助金を申請し交付されることとなった。これらの事業に投じられた労力と費用は膨大なものとなった。

県内のミカン産地では一見したところまだ表面的には、例年よりも枯死した木がやや多いだけで、特に異常があるようには見えなかった。そのなかで2千万円を超える追加予算が決まり、それ以上の国庫補助金を申請することになり、さらにその倍以上の市町村、栽培農家の出費が必要となると、これが30歳そこそこの経験の浅い私の思い過ごしで、もしこの膨大な費用をかけた対策事業が空振りに終わればどうなるかと、私はひそかに心を痛めた。しかし、これまでの経過が、主にヨーロッパで報告されているキクイムシやタマムシの大発生と

73　5章　ミカンナガタマムシの大発生

図22 ミカンナガタマムシの加害を受けた木の伐採

まりにも似ているので、必要な手を打っておくべきだと思った。しかしまた対策を上げる前に私の予想が当たれば、対策が効果を上げる前に、長崎県のミカン産地はかなり大きな打撃を受けることになるだろう。あの苦闘のうえに現在の生活を築き上げた伊木力の産地などは、なかでも大きい被害を出すだろう。そう考えると私の予想が外れるほうがよいのではないか。何となく複雑な気持ちだった。

1962年（昭和37年）の春になった。すでに前年の冬から対策の一部は実行に移されて、枯れかかったミカンの木は伐採、焼却され始めていた。この被害木の伐採には非常な労力がかかった。木自体の伐採は比較的楽であったが、問題はナガタマムシが食い入っている可能性のある太い根の掘り起こしだった。ミカンの木を伐り倒すだけなら、チェーンソーのない当時でも半時間もあれば十分だったが、大きな根を掘り

第1部 果樹農業の現場で　　74

図 23　ミカンナガタマムシ幼虫

起こすのには4人がかりで2時間以上かかった。根元の土を取り除き太い根を露出させて、その上に3本の太い丸太で組んだやぐらから下げたチェーンを根にからませて引き上げる。平地だったら小型トラックかトラクターをミカン園に入れて引き抜くこともできるが、この地方のように急な斜面の多い産地では、作業はすべて人力で行われた。幸いに県の追加予算が認められて、この伐採には補助金が出ることになったが、1本当たり40円である。この重労働に対して1人当たり10円では、全くの労力奉仕と言ってもよい。ミカン園を守るためと言っても、生産者がよく協力してくれたものだと思う。この困難な作業と同時に、5、6月のナガタマムシ成虫の発生期に向けてエンドリンの一斉散布の手配も進んでいた。

この時期になるとナガタマムシの被害が進行していることがはっきりと認められた。春になって気温が上がり、ミカンの樹液の流動が盛んになり虫の活動が始まるとともに、枯れ始める木の数が目立って増えてきた。樹勢が弱ったように見えるミカンの樹幹の皮を剥ぐとその下にナガタマムシ幼虫の坑道が縦横に走り、わずかに生き残った形成層を通じて水と栄養分が流れていて、幼虫の坑道があと少しのびてその部分を断ち切れば木は枯れてしまう。枯

75　5章　ミカンナガタマムシの大発生

死した木、あるいは回復不能で伐採された木はその春から初夏までに４万本に及んだ。被害の最も多い所は、予想していたように伊木力、長与、時津などの歴史の古い産地だった。

その初夏のナガタマムシ成虫の発生期には、すでにかなり防除が進んでいたにもかかわらず、食入が見落とされ、あるいは伐採され残った被害木からミカンナガタマムシが羽化し始め、多くのミカン園ではこのタマムシが無数に飛び回っていた。長さが１センチくらいで青藍色の翅に白点を散らしたこの虫は、よく見ればなかなか美しい。元来は稀な虫で、昆虫のコレクターでも標本をもっていない人が多い。ミカンナガタマムシが発生しているという情報が流れると、少し標本を分けてほしいという依頼が、しばしば私に寄せられた。私の手元には、この虫は文字どおり「升ではかる」ほどあった。多発した地域のミカン園では、ミカンの葉はほとんど縁を鋸歯状に食われていた。ふだんはいくら探しても見つけることができないこの虫がミカン園を埋めつくす状態を見て、これこそ、文献で知っていた大発生だと納得することができた。

このとき、県下のミカンの成木園では、緊急防除計画に従って残効性の強い有機塩素剤のエンドリン散布が行われていた。現在では、強い残留毒性のために使用禁止になっているエンドリンは、このとき大変よく効いた。ミカンの葉について残るように散布されたエンドリンは、葉を食ったタマムシの成虫を殺した。ミカン園の地面には死んだ無数のタマムシが散らばった。それに混じって、散布の際に死んだ多くの一般昆虫やクモの死体もあった。エンドリン散布が、多くの無害の虫を殺すであろうことは予想されたが、この緊急の場合、ミカン園とそれによって生活している農家の人たちのために、やむを得ないと思い切ったのだった。ミカン園を見回りながら、私は時々瞑目した。

１９６２年の春から夏にかけての緊急防除は、大きな効果を上げた。１９５９年からこの大発生の６２年までの間に枯死した木は８万本に近いが、６３年の枯死した木は１千本にたらず、そのなかにはナガタマムシ以

第１部 果樹農業の塊場で 76

外の原因によるものも混じっていたらしい。この防除でミカンナガタマムシは完全に抑え切ったと言ってもよいだろう。

さしあたっての対策のめどが立って被害が抑えられることがわかると、私は、めったにないこの機会に、ミカンナガタマムシの大発生の原因と経過をはっきりとつかんでおこうと思った。1963年からは次の重要問題にかかり、私は他の仕事のかたわら、1人でこの調査を続けた。すでに当面の被害防止の問題はなくなっていたのでこの調査を始めた。

作物保護の現場の研究はどうしても被害の大きい所に引き付けられる。ある場所、ある時期にどうして大きな被害が出たかは、被害の少なかった場所や時期と比較して初めてはっきりする。私はナガタマムシの被害の多かった地域と少なかった地域をあわせて調査した。また、被害が多発した所でも大発生がおさまると全然見つからなくなってしまうこの虫が、ふつうの年にはどこでどのようにして暮らしているのかも、気をつけて調べた。ナガタマムシのほとんど発生しなかった所へ行って、ナガタマムシのことを調べて回るのは無駄なように思われて、不審な顔をされることもよくあった。ほかに大きな病害虫の問題が起こると、そのほうを優先しなくてはならない。そのなかで空いた時間を使って、3年ほどかけて、各地のミカン園を一つずつ、園の条件、ナガタマムシの発生の様子を調べた。私が調べることができた園は約３百、１本ずつ手で触れて調べたミカンの木は９千本に少したりなかった。そのなかでも確実な資料が得られた212園、5千551本について分析した結果を1969年に発表した。この結果と、この調査の間に私が見たり聞いたりしたさまざまな情報を組み立てると、長崎県のミカンナガタマムシの動きと、それに並行するミカン園の環境の動きを再現することができた。そして明らかになってきたことは、ミカンナガタマムシの大発生は、ミカン産業を取り巻く社会と自然の動きとが深く関係した、ミカン地帯の大きなダイナミックスの一環であるということだった。

細かいデータは報告書にゆずって、ここではこのミカン産地をめぐる自然と社会のドラマをざっと再現してみよう（注14）。話は昭和のはじめにさかのぼる。昭和初期の不況のなかで長崎県は産業の振興計画の一つにミカン産地の形成を取り上げた。中心となったのは明治時代からミカン栽培の長い歴史をもつ大村湾の沿岸、特に時津から多良見に至る村々である。ここに広い面積のミカン園の造成が行われた。これは1929〜31年（昭和4〜6年）の第二次大村湾黄金化計画の名で知られている。このときに植えられた木が1960〜62年には樹齢が30年を超えて、最もよく収穫が上がるとともに樹脂病、ナガタマムシの被害を受けやすい年齢に入ってきたのである。

ただし樹齢が高くなり、病虫害にかかりやすい年齢になっても、木が元気であれば大丈夫である。ここで、木の弱る条件が重なった。それは太平洋戦争の影響であった。

戦争中、この産地は直接には戦火を受けなかった。近くの長崎市に落ちた原子爆弾の破壊力と放射線は山にさえぎられてここには届かなかった。しかし若い労働力を戦場と工場にとられ管理がいきとどかず、また肥料の不足によって木の成長は遅れ、ミカンの生産は落ちて、戦争の終わったころ、この産地は立ち枯れの寸前であったと言われる。

戦争が終わったとき、日本の人たちが生き延びるためにまず重点となった産業が石炭と化学肥料（特に硫安）であったことは、今では歴史のなかにだけ残っている。この硫安（硫酸アンモニウム）がこのミカン園を蘇らせた。窒素分のほとんどなくなっていたミカン園には、硫安は目をみはるような作用をしたと言われる。私はしばしばこの当時の硫安の目覚ましかった効果の話を聞かされた。戦後の食料難時代、ミカンは貴重なぜいたく品として高価に飛ぶように売れた。もちろんヤミ取引きである。こうして入ってくる金で、ヤミの硫安を買い込みミカン園に施して、また、ミカンの収穫を上げる。こうして雪だるま式にミカン産地は儲けた。戦後の1945

第1部　果樹農業の現場で　　78

～55年は、こうして繁栄のうちに過ぎた。このときに次の危機がはらまれていたものはいなかった。

ミカン園に大量に投入されて、大きな生産を上げた硫安肥料の窒素分はミカンの木に吸収されて、あとに硫酸根が残った。土壌中に蓄積されていく硫酸根は、土壌をしだいに酸性にしていった。自然の山の土はいくらか酸性であるが、畑になると中性になってくる。化学でよく教わるように、酸性、アルカリ性を表すペーハーの数値は、中性の7を中心に中和の作用で中性でも変わるが、超えたペーハー3に近い強酸性になった。6～8のあたりだと、3となると容易に中和することはできない。これを中和して土壌を改良するのに必要なアルカリ分を石灰の形で計算すると、10アール当たり3～4トンを要する。ふつうの土地ではほとんど見られない強酸性土壌である。

このような強い酸性となるとふつうの土壌では考えられないことが起こる。ここで起こったのが多量のマンガンが水に溶けて植物に吸収されるようになったことである。土壌中のマンガンは大半が不溶性で植物に吸収されない。そのため植物の成育に必要な微量要素のマンガンはいつも不足ぎみであり、農作物のマンガン欠乏症はよく問題になる。ところがこの強酸性になった土壌では、ミカン園で起こるはずがないマンガン過剰症が起こった。これが1950年代から大問題になったミカン園の異常落葉である。それがミカンの木を衰弱させ、同時に落葉によって誘発された日焼けと樹脂病が、その衰弱に拍車をかけた。日焼けの原因はもう一つあった。それは1950年代から盛んになった、ミカン園内の作業用農道の開設である。一続きの樹冠で地面を覆われていたミカン園が切り開かれると、その両側の樹幹は突然に直射日光にさらされる。それは激しい日焼けから樹脂病を引き起こすことが多かった。

こうして大発生の条件は整った。そうするとふだんは庭の片隅や山畑の端にほとんど手入れもされずに生え

79　5章　ミカンナガタマムシの大発生

ている夏ミカンなどの雑柑類の枝先で、細々と生き延びてきたミカンナガタマムシの出番となる。樹脂病にかかった木に飛来した成虫は樹皮の割れ目に産卵し、幼虫が中に食い入る。

ナガタマムシなどのような樹幹に食い込む害虫は、干ばつの年に多発するとされている。元気な木では虫が食い込んでも、形成層に入った所で、虫の周りに樹液がたくさんしみ出してきて、虫を窒息させて殺す自衛作用がある。干ばつの年には、その樹液の分泌が悪くて、虫を殺せないことが多い。1959年から61年にかけては夏の雨が少なく、やや干ばつ気味であった。これがミカンナガタマムシの多発を促進した可能性は大きい。しかし、ここまでに述べたようなミカン園の衰弱がそのうえに重ならなければ、このような大発生はなかったであろう。実際、のちの1967年に長崎県は近年に稀な大干ばつに見まわれたが、すでに異常落葉や樹脂病の対策をすませていたミカン園には、ナガタマムシの発生はほとんど見られなかった。そうして羽化した成虫は産卵場所をたやすく発見できる。

この成虫は、羽化してから卵巣が発達して産卵ができるようになるまでに、1週間以上かかることが多い。平均して9日くらいしか生きない成虫は、産卵場所が見つからないと卵をもったまま死んでしまう。ふつうの年はこのように無駄になる卵が相当多いと思われる。産卵場所がたやすく見つかると卵の浪費がなくなり増加率は上がる。こうして増えた成虫は産卵する衰弱した木がなくなると若い健康な木にも産卵する。集中産卵されて多くの幼虫がいっせいに食い入ると、健康な木でもその樹脂による防衛力の限界を超えてしまう。大発生が最盛期の1962年になると、日焼けにも樹脂病にもかかっていない10年未満の若木のナガタマムシ成虫が増えてきたが、これは集中寄生によるものだろう。さらにこのような若木から羽化してきたナガタマムシによる枯死の寿命を調べると、生育条件がよいためか成木から出てきたものに比べて2〜3日長い。先に述べたように

第1部 果樹農業の現場で　80

の虫はふつう、卵巣が成熟してからあと2～3日しか生きられないから、生存期間のわずかな延長でも産卵期間を延ばすのに非常に有効である。

こうしていったん大発生が始まると、ナガタマムシの増加に有利な条件が重なってきて、増加傾向はますます加速していったと考えられる。もし放任していると、寄生に好適なミカン園が全滅するまで、ミカンナガタマムシの増加は止まらないと考えられた。この大発生に直面して、われわれが膨大な費用と労力を費やし、環境への悪影響もあえて覚悟して、この防除を進めたのはこの産地の壊滅を恐れたからだった。

しかし大発生をこのような無理な手段で防ぐのは、本当はよいこととは思えない。発生を予測し早めに対策を立ててミカン園をいつも健全な状態に保ち、こんな大発生が起こらないようにすることが病害虫防除の本来の仕事である。このミカンナガタマムシの大発生を経験してその原因を探索してわかったことは、これが長期にわたってミカン産地に集積されてきた矛盾の総決算であるということだった(注15)。

ナガタマムシの大発生は応用昆虫学の問題であり、ふつうは害虫防除の立場から検討される。しかし私には害虫の大発生というのは、自然と人間のからまりあった長い長いドラマの最後の場面、そのために割り振られた特別な生物が登場して盛り上げるクライマックスではなかろうかと感じないではいられない。私たちが知らなくてはならないのはこのドラマ全体の筋書きであり、それは最後の動物個体群の登場の場面だけをいくら調べつくしても、わからないのではなかろうか。

注13　温州ミカンの仕立て方は主幹から主枝3本を出す3本仕立てがほとんどであった。
注14　私のミカンナガタマムシ大発生に関する報告は次の2論文にまとめてある。
OHGUSHI, R. 1967 On an outbreak of the citrus flat-headed borer, *Agrilus auriventris* E. SAUNDERS in Nagasaki Prefecture

注15 ミカンを害するミカンナガタマムシは、現在では北九州にふつうのミカンナガタマムシと、南九州に多いアレスミカンナガタマムシの2種に分類されている。

大串龍一 1969 ミカンナガタマムシの生態と防除に関する研究 長崎県総合農林センター彙報 2号47〜104

Research on Population Ecology 9 (1) : 62－74

6章 ビワ地帯

長崎は深い入江を取り囲む山々のふところにできた港町である。市街を囲む屏風のような山並みの何か所かの低くなった峠道を通じて、外の町や村々とつながっている。

市街の南にある繁華街、思案橋通りのにぎやかな街並みを通り過ぎて、山肌に張りついて屈曲する狭い道を進むと、峠の切り通しを越えて間もなく、茂木の小さな港——というより船着き場——に下りる。ここを中心にして、海岸沿いに北東から南西に並ぶ七つの集落とその周りの山畑が、全国的に有名な茂木ビワの産地である。

ビワはミカンとともに代表的な常緑果樹であるが、その性質はミカンとかなり違っている。元来は亜熱原産で、蛇紋岩地帯という特殊な地質の土地に分布していたと言われるこの植物は、成育できる土地がかぎられていて人に馴れにくく、今でも野生の一面を強く残している。ビワ園に入ってみると、枝葉はかなり上のほうに茂っていて、その下は楽に立ったままで歩き回ることができる。果樹園というより森林に入ったような気がする。遠くから眺めると、ビワ園は周りの山林に溶け込んでいて見分けにくい。茂木のビワ産地はこうして一見、果樹地帯らしくない外観をしていた。

ビワという果樹自体が一般の果樹と違っている。木は大きく、黒みを帯びた暗緑色の葉は長さが30センチ近くもあって、葉脈は深く沈み葉縁はギザギザで荒々しい外見をもつ。果実も大きな房状に実り、薄い皮、赤み

がかった弾力のある果肉、果実に異様に大きな種子など、この果物の起源と経歴がわれわれに親しいふつうの果物とかなり違っていることを思わせる。

私は長崎県にきて、この県の代表的な果樹であるビワとその病害虫についても一通りの経験をつまなくてはならないと思った。そこで私はがんしゅ病（癌腫病）、もんぱ病（紋羽病）、ナシヒメシンクイガなどのビワ地帯にもできるだけ足を運んだ。ここで私は大村湾沿岸や島原半島のミカン産地とはかなり離れたこのビワ地帯でミカンの病害虫とは別の視点を必要とした。それは同時にビワというそれらの病害虫は加害の仕方、防ぎ方などでミカンの病害虫とは別の一つの文化を理解することでもあった。

私のビワの仕事の手引きをしてくれたのは、茂木に駐在している県の農業改良普及員の平野露治さんだった。平野さんは私より少し年長で、背の低い小太りの落ち着いた人物だった。当時すでに十数年ここに駐在し、茂木の女性と結婚して、奥さんは小さな飲食店を営んでいた。平野さんが太っているのは、奥さんがつくる長崎チャンポンのいいところばかり食べているからだろうとよく農家の人たちから冷やかされていた。そのことから、わかるようにこの土地にとけ込み、ここのビワ園と栽培農家について知らないことはなかった。

茂木が全国でも有名なビワ産地となったのは、第一にここのビワの優れた品質によっている。茂木系と言われる大粒のビワがどのようにしてこの土地に定着したのか、はっきりとはわかっていない。しかしその歴史はあまり古くはないらしい。言い伝えによれば、江戸後期の天保・弘化のころ（1840年前後）、この茂木の北浦木場の百姓吉衛門の娘ワシ（シオともいう）が長崎に奉公に出て唐通詞の家に住み込んで働いているうちに、中国から送ってきた大きなビワの種子をもらって自分の出身の村に播いて育てたのが茂木ビワの始まりとなったという。この伝承はある程度事実を伝えているのではないかとも思われる。中国南部から船で運ばれてきたビワの

第1部　果樹農業の現場で　　84

図24 茂木のビワ産地。白く点々と見えるのは袋かけをしたビワの果房

種子がここに植えられ、気候、風土が適していたためによく育ったのだろう。苗木などではなくビワの種子だけが渡来したらしいことは、ビワ栽培の特別な技術体系があまり見られないことからも推測できる。このビワ栽培はミカンやナシなどのような込み入った栽培技術をもたず、果実に袋かけをする点を除くと半ば山林のような手のかからない管理がなされている。シオの出身地という北浦木場の村は、南向きの谷間にあるビワ園に囲まれた10戸ほどの小さな集落である（注16）。

茂木のビワ園は海岸や谷間から急斜面で高くなっている山の中腹に、横に帯状に並んでいる。谷底にもなければ山頂や尾根にもない。風当たりの強い山頂や尾根にないことはよくわかるが、風当たりが少ない谷間や海岸の平地にないことには別の理由がある。もともと暖かいこの地でも、このよ

85 6章　ビワ地帯

うな地形の所では冬の夜から明け方にかけて空気が冷えて重くなり、谷底や平地にたまる。そのためふつうなら山の上のほうが低温で、山麓になるほど気温が上がるのに、ここでは谷間の底などの気温が低く少し上の部分が温度がやや高くなり、気象学でよく知られる局地的な気温の逆転層をつくる。ビワはこの逆転層より少し上から、尾根や山頂に近くなって風当たりが強くなるまでの間に植えられている。私は農業講習所などで農気象の話をするときなど、よくこの茂木のビワ園の分布の例を挙げた。ビワの主な産地である茂木の七つの集落はそれぞれ数十戸の小さな村で、その家々の多くは山の急斜面に張りついたように立地していた。

これらの村々のうち、茂木の港から東北に丘陵を隔てた二つの村、飯香の浦と太田尾は、他の五つの村と違った文化をもっていた。家のつくり方も少し変わっていたし、特に目立ったのは、この二つの集落だけは夏になると座敷の畳をすべて上げてしまって、太い竹を割ってつくったすだれのようなものを床に敷き詰めることだった。竹はよく磨いてあり、その上にじかに座っても少しも痛くなかった。軒の深い大きな家の床下からこの竹すだれを通って吹き上げてくる風は、ほのかに青竹の匂いを含んでいて気持ちよかった。どこから入ってきた習慣か知らないが、おそらく東南アジア熱帯地域の生活に由来するものと思われた。

一方、茂木港のすぐ北にある北浦から西南に並ぶ宮摺、大崎、千々などの村は、海岸からすぐに立ち上がった急な山の斜面に、緑濃い照葉樹林に隠れていた。平地が少ないために家々は重なり合うように建っていて、小さな舟が村々をつなぐ大切な交通手段だった。水田はできないために米はつくられず、山畑の作庭先から石積みの段々を上がると隣の家の前に出た。水田はできないために米はつくられず、山畑の作物、特にビワと、目の前の海から獲れるいろいろな魚で生活していた。結婚や新築などの祝い事の際に参加者が持参する贈り物が米に決まっていたということは、このあたりの生活をよく表している。こう言うと大変厳しい生活のようだが、村々の生活にもゆとりがあり、家も大きくて立派だった。このあたりの風景は素晴らしく、

第1部 果樹農業の坰場で　86

広々とした座敷から目下に広がる青い海を見渡すと、どんな一流の観光地にも劣らないように感じられた。現在では山腹を横切る自動車道路がつくられて、村々の様子もかなり変わってきている。

茂木のビワ農家にはミカン農家とはかなり違った気風が感じられた。ミカン農家は必死になってさまざまな工夫をこらし、手をつくしてよいミカンをつくろうとしているのに対して、茂木のビワ栽培は山に育っているビワの木を眺めていて、よい実がつくように手を貸しているといった感じであった。栽培生活に対して採集生活というと少し極端だが、ミカン農家には何か自然の植物に対しているようなおおらかさがあった。現地の人たちはドリアンの木に対してはこれよりもっと極端である。私はその後、大学で熱帯生物の研究に入って、熱帯アジアの国でしばしばドリアンの熟するころになると自分のドリアン林（園というより林というほうが適切である）にいって、下草を刈り簡単な小屋をつくって待っている。ドリアンの実は熟すると大きな音を立てて落ちてくる。子どもの頭くらいもある棘だらけの大きな実が落ちてくると、林の持ち主はそれを拾って小屋の横に積んでおく。ある程度たまると村へ持って帰る。果物の王様と言われるドリアンは熱帯の国でも安くはないから、ドリアン林の持ち主の収入はよい。見ていても羨ましくなるようなゆうゆうとした生活である。私はドリアン林とそこで生活している人たちを見るたびに、茂木のビワ園を思い出した。

ビワの病害虫にはミカンに見られるような多くの種類はなかった。病害虫の調査はミカンほどには進んでいなかったが、ミカンのヤノネカイガラムシのような致命的な害虫はなかった。発生するとかなりの害をするものとしては、枝枯れを引き起こすクワカミキリとサンホーゼカイガラムシ（別名ナシマルカイガラムシ）、ミノムシ類、コガネムシの一種であるアオドウガネなどがある。葉を食い荒らすモンクロシャチホコ（フナガタケムシ）食害した跡は見た目には大きいが実害はあまりなかった。むしろ果実の中に産卵して幼虫が果肉を食うモモ

87　6章　ビワ地帯

チョッキリゾウムシや、ビワ特有の大きな種子を食うコウモリガ、樹皮の割れ目から幹の形成層に食い込むナシヒメシンクイガなどのように主としてビワ以外の果樹の害虫で、ビワを害するのはその一部にすぎなかった。アオドウガネ、ミノムシ類、コウモリガなどは非常にさまざまな樹木や草を食害する昆虫として知られている。ビワ特有の害虫と言えば若葉を食うビワコガくらいであった。おそらくアジア大陸南部の原産であり、しかも特殊な蛇紋岩地帯だけに生えていたビワの原種は、種子として日本に渡来し栽培される過程で、原産地のビワ特有の害虫相から切り離されたのであろう。

ビワの病害もあまり多くはなかった。特に重大な害をするものにはもんぱ病とがんしゅ病があり、時折かなりの害を出すものとして、はいはん病とごまいろはんてん病があった。このうちもんぱ病はブドウ、ナシ、クワなど非常に多くの農作物の根につく病害であるが、その他は大体ビワ特有の病害と考えられた。病原菌のほうが害虫よりもよく原産地から寄主植物を追って伝搬できるらしい。

私はビワの病害虫一般の問題点をつかむために、県下で近年ビワの栽培に力を入れ始めた茂木の南隣の三和町のビワ新植地帯を調べ、次いで全国的には長崎県に次ぐビワの生産地である鹿児島県の桜島、千葉県の館山などのビワ園を回ってみた。これらの産地は茂木に比べて新しいだけに病害虫も少なく、重要な病害虫あるいは茂木では見られないような病害虫は見いだされなかった。こうしてみて私は茂木という産地の、いろいろな意味での特殊性をあらためて深く考えるようになった。

むしろミカン農家と似たところが多いように感じた。

長崎県のビワ産地としては茂木のほかに東長崎町と三和町(さんわ)があった。東長崎町は茂木の東北に連なり、山の尾根によって茂木から切り離されているだけで、産地としては茂木とよく似ていた。ただし茂木のような一種の

第1部 果樹農業の現場で 88

特別な文化は見られなかった。

　三和町は、これに対して全く別のタイプのビワ産地だった。この町は茂木の西南に連なり、細く尖って東シナ海に突き出している野母半島（今では長崎半島と呼ばれることが多い）の中ほどにあって、あたりの風景も日の光もいっそう南国らしい明るい土地だった。ここは新しくビワ産地をつくろうという新植地帯で、その意気込みはミカンの新植地帯を思わせた。海岸まで急斜面が迫って樹林が密生した茂木と違って、ここは遠くまで見渡せる低い丘陵が続き、明るい開けた地域だった。その海岸は平坦で広く海水浴場として知られていた。特にその浜は砂浜ではなく、黒い光沢のあるやや平たい拳大の丸石で敷き詰められていて、独特の景観を呈していた。この見事な石の浜は、裸の体を横たえても少しも痛くないうえに砂で汚れることもなく、日に温められた滑らかな石は肌に心地よかった。この浜石は庭園に敷くと非常にきれいなので持ち去ろうとするものが絶えず、町の条例で採取禁止となっていた。この風光明媚な町に新しくビワ産地を起こそうとする町当局の意欲は強く、緩やかな丘陵を開いて広いビワ園がつくり始められていた。これが成功するとこの辺鄙な町が生まれ変わることが期待されていた。そのうえここには、この地で見いだされた川原3号という、茂木品種よりも大粒のビワの品種があった。

　茂木をはじめこれらの地域全体を通して見ると、ビワでは害虫はほとんど問題にならず、病害のうちがんしゅ病ともんぱ病が特に警戒を要するものと判断された。これらについては別々にまとめて述べることとしたい。

　長崎県におけるビワの栽培面積は当時のミカンの面積の5％にもたりなかった。日本一の産地をもつ長崎県でこの状態だから、全国的に見ればビワが果樹全体のなかで占める割合は微々たるものだろう。しかし、これを無視してよいものではない。日本の果樹栽培全体の視野に立つ国の試験場や、この木がほとんどない他の府県の試験場の研究は期待できないから、ビワについては長崎県で独自に病害虫防除技術の研究を進める必要が

あった。私たちがビワの病害虫防除の研究につぎ込んだ労力は、単位面積当たりで比べるとミカンの数倍になるだろう。もちろんわれわれの研究室がつぎ込んでいた試験研究の労力の絶対量はミカンのほうがはるかに大きいが、それは県全体の栽培面積から言えば当然だった。

ビワ地帯の病害虫防除をめぐる問題は、この茂木という産地の風土と結びついて、ミカン地帯とは違った強い印象を私に残している。

注16　茂木のビワ栽培の歴史は左記の文献に詳しい。
茂木枇杷発達史編纂委員会（１９７１）　茂木枇杷発達史　長崎県園芸農業共同組合連合会

注17　その後、ビニールハウス栽培などいろいろな技術が取り入れられて、ビワ栽培の仕方やビワ園の景観もかなり変わってきている。

7章 ビワのもんぱ病

 植物にはそれぞれの顔がある。というとおかしいようだが、種類によってその生えている様子がほぼ決まっている。野生の草や木は種類が多すぎていちいちその特徴は見分けられないが、栽培植物の場合には同じ種をたくさん見ているうちに、自然にその種あるいは品種によって決まった印象を受けることが多い。そうして、ふだん見ている人の顔色や動作などでその人の健康や気分がある程度わかることがあるように、植物でも生えている様子を見れば、その健康が申し分ないのか、どこか具合のよくないところがあるらしいのかわかってくる。
 私は長崎県に赴任してから、ミカンとビワについてなるべく多くの木を見て、その状態をつかむことに努めてきた。動物学出身の私には植物に対する観察が行き届かない点も多かったが、元気な植物とそうでないものの判別はある程度できるようになった。
 私が茂木のビワ園を見て回るとどこか弱っている木が目立った。このことは私などよりも現地の農家や技術員の人たちがよく知っていた。その特徴は春の新芽の伸び方で、元気のよい木では若葉は数枚の束になって出て上向きに勢いよく広がるのに、弱った木では春枝の先につく葉の数も少なく、若葉が展開し始めるとすぐにダラリと垂れて、葉先を下に向けてしまう。このような弱った木は夏の後半になると突然に落葉し始め、木に残った葉も茶褐色に枯れ上がって間もなく木全体が枯死してしまった。夏から秋にかけてビワ園を見回ると、こ

図 25　白もんぱ病によって枯死直前のビワの木

の立ち枯れの木が目についた。現地の注意深い人の話ではこの立ち枯れの木はここ数年のうちに急に増えたとのことだった。

このようにビワの木が急に枯れるのはもんぱ病（紋羽病）にかかったものだと現地では言われていた。私はビワの根を掘ってみて、それが事実であることを確かめた。現地ではこれを一種の天災と感じている人が多かった。もともと茂木のビワ栽培農家の人たちが栽培植物というよりも自然の植物のようにビワの木を見ていることは先にも述べたが、この被害も天災のように受けとっていた。

農家では自分の園のビワがもんぱ病にかかっていることを知ってもそのままにしていることが多かった。ビワ栽培農家92戸について行った聞き取り調査では56戸（約60％）はもんぱ病が出ても何もしないと答え、石灰や豚の尿をかけるいわば民間療法が24戸、農薬を使ってみたことがある家は12戸にすぎなかった。この自然にまかせた生き方は、それも一つの生き方であり、考えようによっては羨ましい生活だったが、私が見ていてこれを天命と悟ってしまうには少し被害が大きすぎると感じた。それまでほとんどもんぱ病の被害を受けたことがないビワ農家としては無理もないことだが、少し安心しすぎていると思った。それまで茂木のビワ産地ではもんぱ病は樹勢が衰えた老木にだけつくものと思われており、問題にされていなかった。

ビワの木の寿命はふつう80年くらいと言われている。そのような老齢の木が枯れるのは、原因が何であろうと天寿と言ってもよい。しかし、私の見たところでは特に1961年（昭和36年）ころからの枯死した木は30～40年生で、働き盛りで最も元気がよいはずの木だった。この時期から何か以前と違った事情が起こっているのではないかと感じられた。私はこの状態を放置すべきではないと考えた。

もんぱ病というのは植物の根につく土壌病害の一種である。これは非常に多くの種の植物の根や地下茎に寄生する糸状菌病であり、菌糸が根の表面や表皮の下の形成層に広がって肉眼でもよく見える。菌糸が白い羽根

93　7章　ビワのもんぱ病

図 26 ビワ園のもんぱ病発生状況調査。産地の農家の人たちにもんぱ病の説明をしているところ

を広げたように見えるのを白もんぱ病、黒っぽい網で根を包んだように見えるのを紫もんぱ病という。ビワをはじめいろいろな果樹につくのは白もんぱ病が多かった。

この病害は以前からクワやハゼなどの養蚕や塗料のウルシ利用などが化学工業製品に置き換えられて、これらの木の栽培が減ってからもんぱ病も以前のようには注目されなくなっていた。

この病菌は植物の地下部を侵して形成層を破壊し、さらに木質部まで菌糸が食い込んで結局は根などを腐らせてしまう。

この病気で枯れたビワの木の根を掘り起こしてみると、直径3〜4センチの太い主根まですべて腐ってしまって、手で簡単に折ることができる。こうして根は水や養分の吸収機能がなくなるばかりでなく、地上部を支える力さえ失ってしまい、大木のビワも枯死する。

もんぱ病はこれまでも果樹ではモモやナシなどの落葉果樹では、葉がしおれてきて一見して病気にかかっていることがわかる。もんぱ病にかかったモモ、ナシなどの落葉果樹では、葉がしおれてきて一見して病気にかかっていると間もなく枯死する。木全体が枯れてしまう病虫害はあまり多くないから、もんぱ病はその害の激しさで非常に恐れられている病害だった。ミカンやビワなどの常緑果樹では、落葉果樹のように簡単に葉がしおれないので見落とされることが多かった。この菌は土壌中でも枯れ枝や枯れた木の根などの植物体を栄養として生きているから、枯れた木のあとに植えた若木にも感染しやすい。茂木でも枯れた跡に３回植え直したが、みんなもんぱ病で枯れてしまったという話も聞いた。

もんぱ病で枯れる木にはもう一つの特徴があった。それは枯れる前の２～３年、急によく実をつけるということである。ビワの木は大木になるわりに果実の量が多くないが、その木が突然たくさんの実をつける。目を見張る豊作が２年ほど続いた次の夏に、その木はバッタリと枯死する。何となく気味の悪い話である。おそらく果実が多く実ると木が弱って病原菌への抵抗力が低下し、病気が急速に進むためだろう。

私は現地調査でもんぱ病にかかっていると見られるビワの木の根際の土を取り除いて、根を露出させてみた。そうすると地上部では若葉が垂れ下がっていくらか弱ったように見えるにすぎない木でも太い主根の多くが腐っており、わずかに残る１～２本の根だけでかろうじて水と養分を吸収し、地上部を支えていた。元気なように見える根でも、表皮を剝いでみるとその下に白いもんぱ病の菌糸が伸び始めているものが多かった。地上の枝や葉に異常が見られたときは、病気はもう末期に近いところまで進行していた。これから推測して、茂木の産地ではビワのもんぱ病がかなりひどく広がっていると思われた。

平野さんを通じて茂木のビワ農家に集まって相談していただき、１９６３年（昭和３８年）夏にビワ生産者組合でご自分の園のもんぱ病についてアンケート調査をした結果、ビワ園２８６ヘクタールについての回答があっ

95　７章　ビワのもんぱ病

図 27 ビワのもんぱ病発生状況調査。根を掘り出して調査する間、数人がかりで木が倒れないように支えている

た。その園に植えられているビワの木11万9千625本のうちもんぱ病にかかっていると判断されたものが実に1万1千312本で、全体の約1割にのぼった。

これは先に述べたように地上部に異常が見られたもので、極端に言えば枯死寸前の木と言ってもよかった。ふつうは60〜80年は生きて、植えてから30〜50年の最もよく実がつく年代のビワの木で、致命的な病害にかかっている瀕死の木が1割近くもあるということは、いくら自然にまかせたおおらかな農業と言っても、正常な状態とは考えにくい。まだ地上部に異常が出ていないが病気にかかっている木がこのほかにどのくらいあるか見当をつけるために、私たちはこの前年から現地でビワの根を掘り出してもんぱ病の感染状態の調査を始めていた。

この調査は困難であった。ビワの木は

第1部 果樹農業の現場で　　96

図28 もんぱ病防除作業。被害木の根を掘り出して病気に侵された部分を切り取っている

ミカンやモモに比べてずっと大きく、その根は太く遠くまで広がっている。農業改良普及所と農協の技術員、ビワ生産組合から当番で出てこられる農家の人たち、それに私たち試験場職員あわせて10人あまりで交替してビワの根を掘ったが、朝から夕方までかかってようやく10本の木の調査ができる程度だった。菌糸の活動状態をよく見るために、調査は夏の7、8月の暑い時期に行われた。汗と土にまみれて根を掘り出してその表面を調べ、さらに一部の皮を剥いで形成層を調べる。こうして2年間で合計して856本のビワの根を調べた結果は驚くべきものだった。1962年にはもんぱ病の調査対象といって、これまでにもんぱ病らしい症状の出ている園が調査対象に選ばれた。そのためもあってか、調査樹数384本の約60％がもんぱ病の感染を受けていること

97　7章　ビワのもんぱ病

が確かめられた。地区によっては罹病樹率が77％に達した。これでは少しひどすぎるのではないかと思って、63年には地上部の症状に関係なく、なるべくランダムに調査園を決めたが、それでも472本の調査樹の33％に感染が見いだされた。その被害は茂木のすべての地区に見られた。茂木の村々はお互いに森や山の尾根などで隔てられており交流は少ない。病害虫が広がりにくい環境である。そこにこのようにもんぱ病が蔓延しているのは意外だった。ビワなどの常緑果樹はモモなどの落葉果樹に比べてもんぱ病に強いとは言っても、このままもんぱ病が広がれば茂木のビワ産地は壊滅的な打撃を受けることは明らかだった。

県内の茂木以外の地域に調査範囲を広げると、茂木の南隣りの三和町の新興のビワ産地でもこの病害が多発していることがわかった。三和町のビワ園は茂木と違って新しく、樹齢が15年以下の若木が大半を占めている。この若木の根を掘ると、茂木の老木と同じようにひどく腐っているのには驚かされた。

私たちはなぜこのようにビワにもんぱ病が多くなったのかを考えた。

もんぱ病というのはふつうの意味での植物病原菌ではない。糸状菌（カビの類）や細菌には生きた生物につくものと、死んだ生物についてその死体（つまり有機残渣）を分解するものとがある。もんぱ病菌は本質的には後者の死物寄生菌であって、地中での菌の密度が高くなったときに、そこにあった生きた植物にも寄生する。このような菌の寄主の植物よりも弱った生物によく寄生し繁殖する。そこで菌が寄生しやすくなる寄主の植物の条件に注目しなくてはならない。つまりビワ園で近年、ビワの木が弱って菌の寄生を受けやすくなった条件を考えよう。

これはミカンのミカンナガタマムシの大発生の場合にも見られたように、自然環境と生物群集のからまりあった複雑な推移の最終的結末としてのもんぱ病の大発生と考えてよいだろう。このビワの場合、1956年（昭和31年）の台風の影響が考えられる。ビワではミカンに比べて人間が手間をかけることが少ないから、自然現象の

第1部　果樹農業の現場で　　98

図29 もんぱ病防除作業。病菌に侵された根を切り取った木の蒸散活動を抑えるための枝下ろし作業

図30 もんぱ病防除作業。切除した罹病根を積み上げて焼却する

　影響が直ちに現れることが多い。1956年に西九州を襲った台風は、茂木では樹高の高いビワ園に大きな被害を与えた。多くの木が吹き倒され、また激しく揺すぶられて根を切られた。この後、数年たってから茂木でビワのもんぱ病が目立ち始め、それが台風の激しく当たった所から早く始まったと言われる。私たちが調べたところでも、この台風のときの風当たりの強さともんぱ病の発生率にはかなり高い相関があった。この点、これに引き続いて起こったミカンのもんぱ病問題とはかなり違っている。

　私たちはビワのもんぱ病の多発の原因究明もさることながら、この対策をまず進めなくてはならなかった。それには長期的なものと、短期的なものがあった。長期的なものとしてはビワ園の健康な状態をつくり維持することで、ビワの栽培全体にかかわるから、病害虫関係だけでは対策は立てられな

い。これはビワ園管理の技術体系の問題として栽培経営関係者との協力で進めることとして、病害虫防除の立場では、現在もんぱ病にかかっている木の治療をして回復させ、また枯れた木を補ってビワ園を元に戻すことが当面の課題だった。

この対策は二つの方向から進める必要があった。一つは技術的なもんぱ病防除対策の確立であり、もう一つはそれを実施するうえでの行政的な措置つまり予算の裏づけであった。

病気にかかった木の治療のために私たちは、この数年前からナシやブドウなどの落葉果樹で実用化している水銀剤による根の殺菌消毒を、ビワに適用する実験をこの前年から実施していた。

この実験も茂木の現地で県や農協の技術指導員と農家の人たちと、試験場の私たちが一緒になって行った。大木のビワの根を掘り起こすのは大仕事である。支柱を組んで倒れないよう支えたビワの木の根の周りに大きな穴を掘り、浮き上がらせた根を1本ずつ調べて腐ったものは切り取り、菌糸が表面を走っているだけのものは皮を剥ぎ、菌糸を削り取って水銀剤の青い色をした水で池のように、作業はこの中で続けられた。防除技術の責任者として、私もこの中に入って泥まみれになりながら根を切り取り、タワシに薬液をつけて洗った。この薬剤の成分は水俣病の原因物質によく似た塩化メチル水銀であ
る。その中に入って素手で根を洗ったりするのは、現在だったら狂気の沙汰と思う人があるかもしれない。私も環境問題の一つとして水俣病のことはよく知っていた。この薬剤が有機水銀を有効成分とするものであっても、そのままの形では人体に吸収されにくいことを心得ていたから、ここで使うことに決めたのであった。しかし、私は作業をする人たちにはこの作業の後で必ず作業服を脱ぎ、手足をよく洗うように注意の繰り返していた。この2年後に水銀農薬一般は使用禁止になったが、この土壌殺菌用のものだけはまだ替わりの薬剤がないので特別に使用を認められた。しかし私はその前にもんぱ病対策として、そのころからようやく実用化し始めた

101 　7章　ビワのもんぱ病

PCNB剤への切り替えを進めていた。

この水銀剤処理はビワにも優れた効果を表した。処理を徹底すればもんぱ病はほぼ完全に治り、新しい根が出て木は回復に向かった。しかし、手間を省いて根の病菌に侵された部分を切り取らず、あるいは削り残したものはいくら水銀剤を多量に使っても回復しなかった。ここで一応ビワのもんぱ病の技術対策はできたと言える。

さらに回復不能の木は伐採して植え直す場合、土壌をクロルピクリンで処理することとして、これも一応の成果を上げた。

あとは行政的対策である。私は先年のミカンナガタマムシの緊急防除で、このような特別な病害虫の集中的異常発生の対策に関する行政的処置については、ある程度の経験があった。しかし、今度のもんぱ病は全国どこにでも発生するふつうの病害なので、農林省からの国庫補助金を受けるのは無理だった。私は県庁へ行き、農林部の農産課長を現地視察に案内した。茂木では木が大きすぎて1本の根を掘るのに時間がかかるから、若木で根を掘りやすい三和町の産地を見てもらった。新植した広いビワ園の木があちこちで立ち枯れになり、一見元気そうに見える木の根を掘り出してみるとどれも白いもんぱ病の菌糸に包まれている様子を見て、課長は驚いたらしい。そうして、どうしてこんなになるまで放っておいたのかと、現地を担当していた普及員を叱りつけようとした。私はこの病害の発見の難しさを強調して現地の普及員の人たちを弁護しながら、県としての対策を要望した。東京の本省から出向してきて有能で農業振興に強い使命感をもっているが、これまで現地を見ることが少なかった課長はこの状況に強い印象を受けたらしい。県庁に帰ると直ちに予算処置に取りかかってくれた。支出された予算はミカンナガタマムシのときの国と県・市町村の予算全体よりははるかに少なかったが、かぎられた茂木・三和町地域に対してはかなりの効果があった。私はこの仕事が特産の名に安心してい

る茂木のビワを行政的に見直す一つのきっかけになればと思った。

この予算を基礎として、発生の実態調査、回復不能な木の伐採とその跡地消毒、回復の見込みがある木の手術と回復促進のための手当など必要な仕事は、生産組合を中心としたチームを幾つも編成して組織的に進められた。私は事業が軌道にのると、現地の普及所や病害虫防除所にまかせてその結果を見守ることとした。この事業は１９６４年、６５年と続き、茂木と三和町のビワ産地をほぼカバーしてもんぱ病の被害の拡大を抑え、多くの園を蘇らせた。この事業を進めるのにあたっては昔からの村々のよくまとまった生産組合と、それを技術的に支えた県の病害虫防除所と農業改良普及所の力が大きかった。

これは病害虫防除の成功の一例だった。しかし私はこのときもんぱ病の防除はふつうの病害虫防除とは違っていることを、漠然と感じていた。その後自然の生物群集についての経験を重ねるうちに、当時ははっきりとはわからなかったこの病害のもつ意味がわかってきた。ミカンのもんぱ病の章でも述べたいが、まとめて言うと次のようになるだろう。

もんぱ病は大発生すると一つの産地を危機に陥れるだけの大きな力をもつために全力をあげて防除しなくてはならないが、このもんぱ病菌自体はわれわれにとっても大切なものである。これは元来、土壌中の植物の遺体を分解して、自然の有機物の循環に戻す大きな役割をもっている。したがって土壌殺菌剤、特にクロルピクリンのような強力な殺菌剤を使って、広い地区にわたってこの菌を殺しつくすことは、できるだけ避けなくてはならないと考える。それは有用なこの菌にかぎらず、そこに生息している多くの種の土壌生物を皆殺しにするおそれがある。この菌が産業上の重要な農作物に致命的な害をする場合にだけ場所と時期を限定して防除すべき病害であろう。これは白もんぱ病菌にかぎらず、さまざまな微生物、植物、動物について言えることであり、われわれはまだ生態系のなかのこれらの生物の大切な働きのごく一部を知っているにすぎないらしい。

103　　7章　ビワのもんぱ病

8章 雲仙岳の麓で──トマトを襲う夜蛾

私がトマトの果実を襲う夜蛾の対策に取り組んだのは、島原半島の礫石原の高原だった。

島原市の礫石原(くれいしばる)は、丸い形をした島原半島の中央にそびえる海抜1千359メートルの雲仙岳の東麓、海抜320メートルのあたりにある。緩やかな傾斜面に広がるススキ原の間に低い松林が散在するやせた土地である。東に有明海を隔てて遠く阿蘇の山なみを望むことができる。

礫石原はその名のとおり、火山灰と火山礫に覆われた荒地である。ここに住んで井戸を掘った人の話を聞くと、いくら深く掘り下げても火山灰と火山礫ばかりで、火山灰の厚い層の中に薄い有機物と炭の層が何層か間においてはさまっているのが認められるだけだという。雲仙の噴火によって厚く火山灰に覆われた土地に、長い年月のうちに草や低木が生え茂り、また次の噴火があって草木は焼き払われ灰に埋められるという歴史を、何千年にわたって繰り返してきたのであろう(注18)。

昭和30年代のはじめに、ここに一つの開拓地が開かれた。敗戦後数年の間に全国的につくられた山村の開拓地の多くが悲惨な失敗を繰り返して撤退していったあと、かなり遅れてスタートしたこの開拓地は、炭鉱離職者を主とする人たちによって入植されていた。長崎県の北部、北松浦郡の中小炭鉱は昭和20年代の一時的繁栄ののち、30年代に入ると次々に閉山してその離職者の一部がここに入植していた。私たちがここで仕事をする

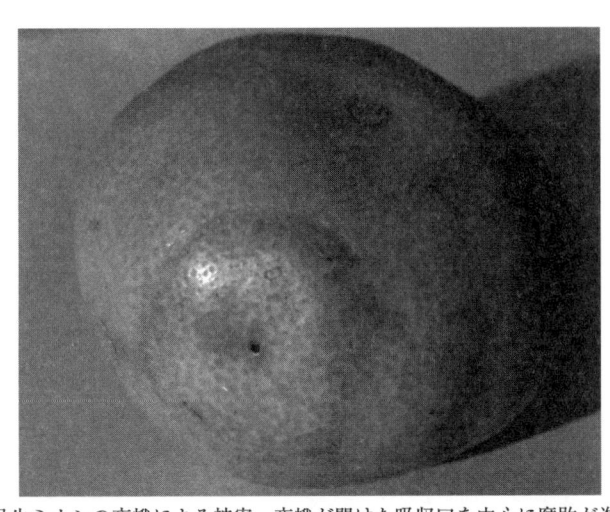

図 31 早生ミカンの夜蛾による被害。夜蛾が開けた吸収口を中心に腐敗が進んで変色している

きっかけをつくった塩田さんもその一人である。炭鉱離職者のほか、都会生活に何らかの理由で見切りをつけた人たちも何人かここに入っていた。元教師、会社員などさまざまな方面から集まった人たちの生活経験や考え方は祖先から引き続いた農民よりも変化に富み、そのいわゆる文化的教養は高かった。一方その生活のレベルは、高度成長期を迎えようとしていた当時の日本社会のなかでは信じられないほどに低かった。この開拓地の人たちの生活を見たことは、私のその後の人生観に影響を残した。

1963年（昭和38年）の初夏に、南高来郡（島原半島）を担当する島原病害虫防除所の山口孝之さんが私のところへ相談にきた。それは島原市の北にある開拓地で、主作物として力を入れている高冷地トマトが激しく夜蛾の害を受けて、産地の存立さえも危ぶまれているということだった。この開拓地は暖地でありながら海抜高度が高いために気温が低く、農作物の成長が遅れがちである。その悪条件を逆に利用して、平地ではシーズンが終わってしまった8月下旬から9月にか

105　　8章　雲仙岳の麓で──トマトを襲う夜蛾

けてトマトを都会に出荷しようというのが、この開拓地の人たちが苦心して編み出した作付体系であった。その大切なトマトの果実が、著しい夜蛾の被害を受けているという。

都会に出荷するトマトは、まだ青くて固いうちに収穫して箱詰めにする。それが輸送されて都会の市場に出るころに赤く熟して、食べごろになるのである（注19）。この箱詰めにされたトマトを市場で取り出してみると、そのなかに腐っかかっているものが幾つもある。出荷する前に畑で腐り始めて落果するものまであわせると、年によっては全生産量の8割にも達して、産地の存亡にかかわる大問題となっていた。

この大量の腐敗果のほとんどが夜蛾の被害であった。

畑で大きくなったトマトの実が収穫される直前、夜の間に周辺の山野から飛んできた大きな蛾がまだ青い果実に鋭い口吻を刺して果汁を吸う。朝になると蛾は飛びたって山に帰っていく。この吸った跡は0・5ミリくらいのごく小さな孔になって残っているが、果実の表皮についたこの小さな孔はほとんど目につかない。しかし気づかないで収穫された果実は、蛾が吸ってから2〜3日たつとその吸収痕を中心にして変色し始める。その部分から果肉が軟らかくなり、孔から汁が流れ出して腐り始める。こうして腐って潰れるのが、ちょうどトマトが市場について箱を開けるころになるのである。

この夜蛾の被害はトマトばかりでなく、リンゴ、ナシ、モモ、ブドウなどの果樹における被害のほうが、全国的にははるかに大きい問題になっている。トマトの被害が大きく問題になったのは、この島原の例が最初だったのかもしれない。果樹でそれまでに研究されたところでは、かなり多くの種がある。このような果実の汁を吸って害をする蛾は1種ではなくアケビコノハ、アカエグリバなど、ふつうは夜蛾

第1部 果樹農業の現場で 106

と言い習わされている。農業害虫学の分野では果実吸蛾類とも言われており、略して吸蛾虫や解説書ではこの名で記述されていることが多いが、ここではふつうのこの夜蛾の呼び方に従って夜蛾と言っておく。私たちはそれ以前からミカン（特に皮の薄い早生ミカン）やブドウなどでこの夜蛾の被害を見ていたが、長崎県ではあまり大きい問題になっていないので、特にこの対策を考えたことはなかった。しかしこのトマト産地の被害を知って、放任しておくことはできないと感じた。

このトマトの夜蛾の問題は、実をいうと当時の私の所属する農林センター果樹部の仕事とは言えないものだった。果樹と言えば一般にミカン、リンゴ、ナシなどの果実のなる樹木であり、トマトはキュウリ、ナスなどと一緒に野菜のほうに入っていて、その害虫は野菜害虫として、諫早にある農林センター本場の環境部病害虫科の担当だった。しかしこの対策は急を要するうえに、夜蛾の生態と防除は一般に果樹のほうがよく研究されていた。私はこの仕事に果樹部の環境科として手を出すことの職務分担上の問題にはさしてこだわる必要はないと思った。それで本場の病害虫科には電話で連絡をして、私がトマトの夜蛾に手をつける旨を一応ことわっておいたうえで、この研究に着手した。そうして、その数日後には山口さんと一緒に私は夜蛾の被害の現場に立っていた。そこがはじめに述べた礫石原である（原をハラでなくバルと読むのは西九州でごくふつうの呼び方である）。西南戦争の古戦場「田原坂」はその一例である。

私がこの礫石原に立ってまず強い印象を受けたのは、その雄大で美しい光景よりも、この高地に吹く風の初夏とも思えない冷たさと、見渡すかぎり荒涼とした草原の様子だった。暖国の島原らしい濃い緑の照葉樹林はどこにも見られず、低い松林の散らばるススキ原の間に点々と開かれた畑地は、よく手入れはされていたが、いかにも痩せた石ころの多い土地だった。その乾いた白っぽい火山灰土は、夏の薄いシャツにしみる風の冷たさとともに、この開拓地の農業の厳しさを思わせた。

私はこの開拓地のリーダーの一人である塩田勝也さんに紹介された。塩田さんは私より少し年長の、まだ30代の青年だった。背が高く整った風貌で、その顔には強い意志と高い知性がうかがわれた。実際、それから塩田さんと長く付き合って、その第一印象が正しかったことを知った。若いころから炭鉱で働いていた塩田さんは、学歴はなかったが、物事の理解が早く、農業技術上の問題についても十分に勉強していた。その家に案内されると、棚にはいろいろな文学書があり、そのなかにはごく新しい傾向の作品も見られた。

問題はその家だった。塩田さんの家は屋根も壁も板張りの一間のバラックで、たぶん手づくりだろうと思われた。畳はなく板の床にむしろを敷き詰めただけだった。そのうえ、この家には戸がなく、入口にはすだれのようなものを吊り下げただけだった。夏でも夜はかなり冷え込むこの高冷地で、この家でよく過ごせるものだと思った。

このような最低限度の生活にもかかわらず、塩田さんの態度には少しも卑屈さがなかった。県の試験場の科長として一応県下全域の果樹病害虫防除の中心に立っている私に対しても、丁寧ではあるがごく自然な対等の姿勢で応対した。それは見ていても気持ちのよいものだった。後で知ったのだが、塩田さんは冬の農閑期には、街のパチンコ屋の店員として働いていた。その困難な生活のなかで、塩田さんは生活の苦しさを見せたことがなかった。集団産地として都会への出荷をめざすこのトマト畑は、1枚ずつの畑が広く、栽培されているトマトも木のように大きな株になっていて、それに多くの実がついていた。今年の夜蛾の被害が始まる8月後半が近づいていた。今年もこれまでのような大きな被害が出れば、資金ももう底をつきかけているこの開拓地の人たちの生活はどうなるだろう。防除対策を立てる時間的余裕はあまり残されていない。

第1部　果樹農業の現場で　　108

図32 礫石原のトマト畑。収穫期で夜蛾防止のために果実に袋かけしてある

この仕事では、8月下旬から9月中旬の短期間に集中して、実態調査と対策試験をしなくてはならない。ところがこの時期は、私の本来の職務であるミカン病害虫のほうでも重要な時期であって、トマトのほうにさく時間の余裕はほとんどなかった。特にこの調査では夜間の仕事が多いが、私のいる大村の試験場からくるのに半日はかかるこの場所との掛け持ちは不可能だった。それで私は大体の調査と実験の計画を立てて、時折、現地の様子を見にくることとし、現地には、その当時私の研究室にアルバイトにきていた佐賀大学の学生、中村和善君に泊まり込んでデータを集めてもらうことにした。塩田さんと山口さんは研究の計画立案から実際の作業まで全面的に協力してくれた。そうして8月下旬になると、その結果がしだいに明らかになってきた。

夜、このトマト畑を見回ると青いトマ

109　8章　雲仙岳の麓で——トマトを襲う夜蛾

図33 代表的な夜蛾。アケビコノハ（左）とムクゲコノハ（右）

トの実に止まって、長い口吻を果皮に突き立てている蛾が見つかる。採集してみると次の14種が見出された。

アケビコノハ、ヒメアケビコノハ、ムクゲコノハ、アカエグリバ、ヒメエグリバ、オオエグリバ、アカキリバ、ワタアカキリバ、オオアカキリバ、ウンモンクチバ、オオウンモンクチバ、ホソオビアシブトクチバ、トモエガ、フクラスズメ（注20）。

昆虫類、特に蛾についていくらか知っている人ならばわかるように、これらの蛾は大型で後翅に色鮮やかな模様をつけたものが多い。アケビコノハ、ヒメアケビコノハなどは翅を広げると7～8センチもある。

これらの蛾のうちどれが主としてトマトを害しているかを知るために、2枚の畑（合計10アール）について、毎晩、果実の汁を吸っている蛾を採集したところ、アカエグリバとヒメエグリバが多く、採集された蛾の86％をこの2種が占めた。特に雌が多かった。飛来は日が暮れるとすぐに始まり、主として前半夜のうちにくる。

この夜蛾の被害を防ぐにはどうしたらよいのだろうか。

夜蛾の防除は、ふつうの病害虫防除と大きく異なっている。一般の害虫の場合、その幼虫が農作物を食害することが多く、田畑や果樹園の中で加害している幼虫を駆除すれば防除の目的は達せられる。ところが夜蛾の幼虫はトマト畑や果樹園以外の山野にすんでいて、野生の植物を食べている

第1部　果樹農業の現場で　　110

無害の昆虫である。成虫の蛾もふつうは自然の山野で生活していて、野生植物の果実の汁やクヌギなどの樹液を吸っているのだが、たまたまその生息地の近くに栽培されている、ミカンやトマトなどの軟らかい果実があるとそこへ汁液を吸いにくるのである。自然の山野にすんでいて元来は人間と関係のない昆虫の一部が、その成虫の一時期だけに畑に入ってきて加害する。このような虫を駆除するために、幼虫のいる広い山野にあてもなく農薬を散布することはできないし、もし、無理に散布するならば多くの無関係な野生生物を殺し、大規模な自然環境の汚染を引き起こす。これはどうしても畑に飛んでくる成虫だけを防ぐ工夫がいる。

夜、この大きな蛾は畑に飛んでくる。暗い夜空を飛んでくる蛾の姿を遠くから見ることはできないが、地上数メートルの高さで果実の熟し始めた畑に向かってかなり早いスピードで飛んでくるらしい。畑の上空にかけた懐中電灯の光の中を瞬間的に横切る蛾の姿が見えることがある。畑の上を横切った蛾は、一度行きすぎてからすぐに引き返してくる。そうして高度を下げながら畑に飛び込む。畑に入った蛾は果実を見つけて止まり、大きな翅を広げて果実を覆うようにしながら口吻を伸ばして果皮に孔を開け始める。この果実吸蛾類の口吻の先は鋭く固くなっており、鋸歯のようなものがついている種もあって、果皮に孔を開ける習性によく適応している。

トマトの果実は青いうちから強い芳香を放つ。夜蛾はこの匂いをたよりにトマト畑に向かって飛んでくるらしい。蛾の行動や一晩に生じる被害果実の数などを調べた結果、この蛾は一晩に1個体が平均2個のトマトを吸汁することがわかった。

蛾が果汁を吸った跡は径0・5〜0・8ミリのごく小さい孔で、吸う果汁の量もそれほど多くはないから孔の周りもほとんど変化がなく、よほど注意しないと見つからない。しかし2日ほどたつとこの孔から汁が流れ出し始め、孔の周りが軟らかくなって腐り始める。腐敗は速やかに広がり、1週間以内に果実全体が腐ってしま

111　8章　雲仙岳の麓で──トマトを襲う夜蛾

図34 夜蛾に吸汁されて落ちたトマト。向かって右側に小さな吸汁痕(矢印)とその周りの腐敗部がわかる

う。これは単に果皮に孔が開いたためだけとは考えにくい。蛾の口から何か腐敗を促進する菌のようなものが入るのではないかと思われる。蛾の口吻と同じ太さの針でトマトの実に孔を開けても、このような腐敗は起こらない。こうして何か月の栽培の努力がその最後の段階で無駄になってしまう夜蛾の被害は、ふつうの病害虫と比べても特に重大なものだった。

この被害の実態調査と並行して、防除対策の実験が実施された。

夜蛾の防除は、それまで果樹、特にミカン、ブドウ、モモ、ナシなどでかなり研究されていた。そのなかでトマトで実施できそうな二つの方法、網かけ法と照明法を取り上げた。

網かけ法とは文字どおり作物を、あるいは畑全体を網で覆って蛾が入れないようにする方法である。目の細かい網で畑を覆ったら蛾が入れないのは当然だが、問題は労力や費用と考えあわせて、どれくらいの網目のものを

第1部 果樹農業の現場で　　112

のようにかけたらよいかということである。

この前年、塩田さんたちが網かけ法をテストして、網目が1センチ以上であれば、アカエグリバのようなやや小型の蛾は飛んできた勢いで自分の体より小さい網目を押し広げて中に入ることがわかっていた。そこで今回は7ミリ目のピニロン網を使うと、蛾の被害がかなり減ることがわかった。この年、被害果実の割合が全体の24％だったが、この網をかけた所では8％に低下した。被害が完全になくならないのは、網の端のわずかな隙間から入る蛾が口吻を伸ばして届く範囲の果実を吸収するためと推定された。

照明法は夜蛾の被害防止の特別な方法である。この方法はその2、3年前から各県の果樹園で盛んに研究されていた。はじめは誘蛾灯のように夜蛾を光源のほうへ誘引しようという発想で始まったが、実際にテストしてみると飛来防止の効果はないことがわかった。ところが照明した果樹園では果実の被害は減少した。これについて研究が行われた結果、照明によって夜蛾の吸汁活動が抑えられることが明らかになり、その生理的メカニズムも解明されてきた。ところが果樹園では木が大きいために、よほど多くの電灯をつけないかぎりあちこちに光の届かない陰を生じて、その暗くなった部分で被害が見られた。照明法は有効ではないかと考えられた。しかも果樹のように高くないトマト畑では、照明実験の畑をつくって、8月末から実験を行うことができた。その結果では照明した畑では被害果率は常に10％以下に抑えられ、無照明の畑の20〜30％の被害と比べて明らかに照明の効果があった。電灯の数や位置などについての実験を繰り返した結果、このようなトマト畑の場合、10アール当たり100ワット電球2灯あるいは20ワット螢光灯5〜6灯でかなりの効果が認められた。

照明による夜蛾の被害防止は、このトマトについての実験とは別に全国の果樹試験場で進められ、特に黄色螢光灯が被害防止効果が高いことがわかって、西日本各地のミカン園に多数の黄色螢光灯がつけられるようになったのは、これから10年ほどあとである。私たちのトマトにおける実験はこの礫石原の集団産地における被害防止技術として利用されたことに止まったが、私たちの目的はこれで一応達成された。

私はこの仕事が一応の成果を上げ防除技術者としてまとまったときに、これを九州の農業病害虫防除技術者と研究者の集まりである九州病害虫研究会で発表した。私たちと一緒にこの仕事を進めた塩田さんにも共同研究者として加わっていただいた。研究発表の講演は二つに分けて、前半（被害の実態調査）を山口さんに、後半（照明による防除試験）を塩田さんに発表してもらった。鹿児島で行われた研究会に出ていただくために私は研究室の人たちと相談して、塩田さんの族費を工面した。塩田さんは熱心に資料をまとめて、テープレコーダーで発表の練習をして見事に講演を行った。それは大学や試験場の研究者と比べても全く見劣りのない一人の農民が立派に研究をし発表ができることを示した。

この仕事が一段落してからほぼ10年後に私はまた礫石原を訪ねる機会をもった。私はすでに長崎県を離れて金沢大学に移ってから数年たっていたが、この高原に大きな国民宿舎ができて、ここで個体群生態学会のシンポジウムが行われたからである。学会の途中、私ほこの懐かしい土地にかつての開拓村を訪ねた。畑地とその周辺の松林やススキ原の景色には大きな変化はなかったが、畑の土は黒くなりその面積も広がっていて、開拓地も落ち着いてきたことが推定された。以前にはなかった牛や豚の家畜舎が目立った。私は塩田さんの家を訪ねた。以前私を塩田さんは喜んで迎えて、礫石原の現在の様子をいろいろと話してくれた。特にいま力を入れている豚の飼育について、その問題点、特に豚の多頭飼育の場合の障害となる糞尿の処理方法について、現在試

突然訪れた私を塩田さんは喜んで迎えて、礫石原の現在の様子をいろいろと話してくれた。特にいま力を入れている豚の飼育について、その問題点、特に豚の多頭飼育の場合の障害となる糞尿の処理方法について、現在試

みている自然還元法について説明された。40代の後半に入った塩田さんの頭には少し白髪が見えたが、熱心に将来の見通しを話すその姿は、かつての若い時代と変わらない精神生活の充実を感じさせた。テーブルと椅子を並べた広い部屋の一隅にデスクがあり、畜産関係の書物が並んでいた。私が初めてここを訪れたときのあの入口の戸もなかったあばら家と比べて、安定した畜産農家の生活がうかがわれた。

注18 1990〜95年（平成2〜7年）にかけての1998年ぶりの雲仙岳の大噴火の報道に接したとき、私がまず気にかかったのはこの礫石原のことだった。噴火がおさまって3年後、私は2年間のインドネシア駐在が終わってからこの地域を訪れた。長崎県在任中に私がブドウ病害の調査などをした島原市南部の果樹産地は火砕流の直撃を受けて跡形もなかった。幸いに礫石原では大きな被害はないようだった。ただ20年あまりの間に耕地や植生の様子は大きく変わっていて、塩田さんのお家はよくわからなかった。

注19 現在のトマトの管理・経営方式は大きく変わっている。

注20 これらの夜蛾には口吻が特殊化していて果皮に孔を開けて吸汁する一次加害種（アケビコノハ、アカエグリバなど）と、一次加害種が開けた孔に口吻を入れて果汁を吸う二次加害種（トモエガ、フクラスズメなど）がある。二次加害種も果実を腐敗させる菌を広げるものもあり無害とは言えない。

9章 熱帯アジアの国で──2人の篤農家

1964年（昭和39年）に私は東南アジアの生物調査にいく機会を得た。大阪市立大学の第四次東南アジア調査隊へ参加しないかというお誘いがあった。そのころは県の職員が海外に出ることは前例がほとんどなく、県の人事課の許可を受けることは難しかったが、試験場長の御努力で県知事の直接の許可を得て参加することができた。この年10月16日に羽田空港を発つエール・フランスのシャトー・ド・メントナン号に乗り込んだときのことを私は今もよく覚えている。

ベトナム戦争のさなかにあるサイゴン（現在のホーチミン市）に一泊して、私たちは目的地であるカンボジアの首都プノンペンに着いた。それからタイ国に向けて出発するまで約2か月を、悠々と流れるトンレ・サップ河にそって広がるこのメコン・デルタの素朴な美しい町で過ごした。ここで私が見た一人の農民の生き方を述べてみたい。

プノンペン郊外に広がる農村地帯の調査をしていたとき、私たちはたまたま、熱帯では珍しい養蜂をしている農民があることを聞いた。私は大阪市大の吉川公雄氏とともに、今度の調査隊の昆虫班に属しており、特に蜂の生態の仕事を中心テーマとしていた。その関係からも、また私自身の農業についての興味からも、これは

第1部　果樹農業の現場で　　116

見逃せない話であった。私たちは人を通じてこの農民と連絡をとり、またそれについての話を聞かせていただきたいと頼み込んで承諾を得た。

11月中旬のある日の午後、吉川氏と私は通訳をともなってプノンペン郊外のタクマオ村の入口にあるこの養蜂家の家を訪ねた。通訳は中国系のカンボジアの祭麗麗という20歳の娘さんで、私たちは愛称で明るい女性だった。12人兄弟の長女で通訳のかたわら夜学の中学で教えて、父のいない一家を支えていた。父親はラオスのビエンチャンに出稼ぎにいっているとのことだったが、これには何か裏の意味が含まれているように思われた。私たちは英語で彼女と話し、それを中国語（広東語）かカンボジア語に通訳してもらった。運転手つきで雇ったわれわれの車は大きい中古のシボレーで、運転手の顔さんは台湾人であり簡単な日本語は話せた。私はこの顔さんには、文化人類学者の岩田慶治さんと一緒にカンボジア中央にある大湖トンレ・サップの水上民の村に案内してもらったこともある。顔さんはこののち1970年、カンボジア動乱のなかで日本のジャーナリスト中島照男氏を案内して反政府ゲリラ勢力のクメール・ルージュの支配する南部のカンポット地域に入ろうとして、国道3号線の途中で行方不明になった。1年余の後に、中島氏の射殺死体は発見されたが、顔さんの生死はついにわからなかった。

この事件は大森実氏の『虫に書く——ある若きジャーナリストの死』に記されている。

プノンペンの南東、市外へ出るとすぐにタクマオの村が始まる。家並みがまばらになって濃い緑の竜眼の続くあたりにその家があった。木道に面して門があり、広い前庭には竜眼（熱帯果樹の一種。その実が竜眼肉でさっぱりした味である）の木がこんもりとした日陰をつくっている。その奥に煉瓦づくりの四角い家があった。出迎えてくれた主人は白いシャツに半ズボンの、中年のやせ型の農夫で中国系の風貌と細い手足が目についた。家の中にはほとんど家具もなくガランとしていた。

117　9章　熱帯アジアの国で——2人の篤農家

図35 カンボジア、プノンペン郊外のタクマオの養蜂場。白いのが巣箱。竜眼の木の下に立っているのはライさんとリリーさん。白い帽子をかぶってしゃがんでいるのが吉川氏

家の前後の庭の木立のあちこちにミツバチの白い巣箱が置かれて蜂が盛んに出入りしている。一見したところ日本の固定式の養蜂とさして変わりはないように見える。野生の蜂から始まった養蜂とは言っても、使っているのはどこでも見られるふつうの巣箱で、私が以前に日本の対馬で見たことがある丸太をくりぬいた蜂洞に巣をつくらせるようなローカル色豊かなものではなかった。私たちはしばらくの間、思い思いに蜂を調べたり、巣箱の形式をスケッチしたりした。主人は黙って、私たちが気のすむまで記録し、観察するのを見守ってくれた。私たちはときどきリリーさんに向かって英語で簡単に質問し、彼女がそれをカンボジア語に直して主人に聞いては私たちに答えてくれた。

それがすむと主人は私たちを後庭のテラスに案内し、椅子を勧めてくれた。息子らしい青年がお茶をもってきた。

私は日本でも各地の農村で農家の人たちの苦心してつくり上げた農業技術や経営の話を聞く機会が多い。今、この熱帯の国でも、日本での聞き取り調査のことを思い出しながら、九州の方言の代わりに英語とカンボジア語あるいは広東語の二重の障害を越えて聞き取りを進めた。濃い緑の竜眼の木陰の石だたみ、軽い竹の椅子と簡単な板のテーブルをはさんで、私はこの主人と向かいあった。赤と白の細かい縦縞のそでなしブラウスに細いスラックスをはいた通訳のリリーさんは横に座った。

この主人は頼織光（ライシェクァン）という中国人である。この養蜂場を林栄記養蜂場というが、林栄記とは出資者の名前である。ライさんの年齢は50歳ぐらい、中国の広東の生まれだという。漢字がよくわかるので、通訳がうまくいかない場合には、筆談が予想以上によく通じた。

私はまずいつごろから蜂を飼い始めたのかと聞いた。リリーさんが通訳するとライさんは黙って立ち上がり、家の中から中型の手帳をもってきて私の前においた。読めということらしい。2ページ目からぎっしりと書き込まれている漢文が目に入った。それを取り上げて私は驚いた。この人は自分が養蜂を始めてからの経過を文章にまとめている。

この小さい自叙伝と、それを補うために行った質問の答えをあわせて、この人の養蜂の歴史をたどってみよう。

広東（この広東というのは今の広州にかぎらず、中国南東部のかなり広い地域を指しているように思われる）の農家に生まれてカンボジアに渡ってきたライさんは、約10年前からこのプノンペン郊外で柑橘園をつくっていた。1958年、彼はその園内で分蜂（分封）中のミツバチの一群を見つけた。中国にいたころ、スワトウに住

119　9章　熱帯アジアの国で──2人の篤農家

図 36 聞き取り調査中の吉川氏。背中を向けるのがライさん。中央がリリーさん

んでその地で養蜂のやり方を見覚えていたので、彼はこれを飼うことを思いたち、竹笠をかぶせてこの一群を捕らえた。このミツバチはカンボジアの野生ミツバチであった（これは世界各地で養蜂業者に飼われているセイヨウミツバチとは別種のトウヨウミツバチである。日本の野生ミツバチも同種——ただしカンボジアのものとは別の亜種——である）。

その日は農暦（太陰暦）の4月15日だった。次いで5月14日にも、もう一つの分蜂中の群を捕らえた。この二つの群れが彼の養蜂の基礎になったのである。

2年間の苦心の後、彼はどうやら養蜂のコツを会得することができたと思った。このころには1年に20群ほどの分蜂があり、管理する巣箱の数は急速に増えた。技術的な手ほどきをしてくれる人もなく、少年の日に見て覚えただけの記憶をたよりにし

第1部　果樹農業の現場で　　120

て、まだ専門家もあまり手をつけていない熱帯の養蜂を軌道にのせた苦心と努力は大変なものだったろう。おそらくこの年に彼はその事業を後援する出資者を得たのであろう。

1960年に、自信を得た彼は約100群の巣箱をつくり、本格的な経営に乗り出すことを計画した。

1961年に彼は香港にいき、イタリア系の蜂（現在、世界的に飼育されているセイヨウミツバチの一系統）5群と、巣箱50を買ってきた。そうしてこの優良なミツバチ400群をつくり、この地に大養蜂業を起こすことを計画した。

ここまでのライさんの養蜂事業の記録は大変面白く迫力がある。ところが、このイタリア系ミツバチの導入のあたりから彼の記述は少々おかしくなる。具体的な事業の記録よりも壮大な計画だけが繰り広げられる。3年間で収蜜量350担（この担はライさんの手記の中に出てきた単位で、重さか容量か不明）、その売り上げは105万リエル（カンボジアの通貨の単位。円あるいは米ドルとの交換率は時期により大きく変わる）になる予定といった膨大な数字が挙げられているが、その裏づけはほとんどない。この文章は養蜂事業に対する出資を依頼するときに、説得のために書いて出資者に見せた文章の下書きではないかとも思われる。

彼は文章の最後に、カンボジアにおける今後の養蜂業の見込みについて、大きな夢を広げている。バッタンバンにおける柑橘、コンポンチャムやコンポンスプー周辺のバナナや竜眼などの果樹、スワンにおけるゴムの花などを蜜源とする養蜂業が今後大いにのびる見込みがあるとして、彼はこの長い記録の文章を結んでいる。

私はこの記録を読み終わって、あらためてライさんに向かって現在もっている巣箱の数を尋ねた。今、もっているのは、イタリア系20、混合群（カンボジア蜂にイタリア蜂の女王を入れたもの）30、カンボジア系10の合計60だという（ただしあとで調べたところこれらの蜂はほとんどすべてイタリア系に置き換えられていて、カンボジア系は残っていなかった）。先の記録の1961年から4年目、彼のプランでは400以上の巣が活動して

121　9章　熱帯アジアの国で――2人の篤農家

いるはずである。あまり繁栄しているようには見えなく、彼がその計画を成功させられなかったことは明らかである。活動中の巣を見ても、蜂の数は少ないものだが、それを十分に考慮しても、ライさんの計画が実現には程遠いことは確かなようである。聞き取りには多少の不正確さや、答える人の作為がつきまとおそらく、ライさんは勤勉で積極的な、優れた篤農家なのだろう。自分一人の努力で困難な熱帯養蜂を何とか維持していることはそれを物語っている。しかし、彼は新しい産業を確立し、経営を発展させる企業家ではないのだろう。また、大規模経営にともなって生じるさまざまな技術的問題を解決するための助言を受ける道ももっていないのだろう。実際、アジアの発展途上の国々では、こうした目新しい農業技術の手引をしてくれる現場の指導者もいなければ、手引書もない。私はこの約20年後にインドネシアでやはり養蜂をしている農場を見る機会があったが、そこの管理をしている人は、巣箱の中に蜂蜜を吸いにきた大きな蛾をミツバチの女王だと思っていた。昆虫学を知っている技術者が少し助言するか、簡単な養蜂の手引書があればと感じるとともに、ライさんの努力が無駄になっていることだろうか。高度の科学技術でも何でもないちょっとした知識を伝える手段が欠けているために、どれだけ多くの農民の努力が無駄になっていることだろうか。

私はライさんの顔に刻まれている深い皺（しわ）を見つめた。この熱帯アジアに広がる多種多様な農業の一つひとつは、このような一人ひとりの農民の自発的な意欲によって定着してきたのだ。私は今ここで、その一人に会っているのだと思った。と同時に、私は篤農技術の限界、あるいはそれを解決する農業技術改良の仕事について深く考えさせられた。このライさんの事業は一方では合理的な経営と結びつき、一方では現代の科学技術と結びつくことなしにはもはやこれ以上の展開は望めないだろう。あるいはまた、これまでの長い農業の歴史がそうであったように、無限の時間をかけた作物や家畜の変化と進化に期待をかけるべきだろうか。よく知られたように、この5年後にカン緑濃い竜眼の木陰で話しあったこのときの情景が今も目に浮かぶ。

第1部　果樹農業の現場で　　122

ボジアはベトナム戦争の転化した悲惨な内戦に巻き込まれた。プノンペンは廃墟となり、当時現地で私たちと話しあった人たちは、おそらく半分以上は亡くなっただろう。顔さんのようにその消息がわずかに聞こえてきた人もある。ラオスに逃れたというリリーさんの一家もその後どうなったかはわからない。あの平和で長閑なカンボジアの人たちが、その後10年もたたないうちにお互いに殺しあい、人口の3割を超える200万人の死者を出したという、この世の地獄を現出するとは当時全く想像もできなかった。そのころ現地にいたわれわれのチームのメンバーのうちでそれに近い危惧をほのめかしたのは吉良さんだけだった。戦争と平和、人間性のなかの慈悲と残虐が紙一重のものであることを身にしみて感じる。

カンボジアを出た私たち、吉川氏と私は約半月のタイ国滞在の後にマレーシアに入った。ペナン島の対岸の町バターワースのブキット・メタジャム駅を出たクアラルンプール行きの特急ノーススターは、約4時間でマレーシア第三の都市であるペラク州の州都イポーに着く。ここで私たちのマレーシア入国について大変お世話になった州の教育長のアンブロースさんと再会し、この町の各所を見学した。その一つが、イポーの北にある村タンブンの教育委員会のアンブロースさんの好意でつけてくれたイポーの教育委員会の方の案内で、この町の教育長のメロ（ザボン）は東南アジアで多くの品種に分化しているが、このタンブン・ポメロはここで見いだされ、今もここだけで生産されている。ふつう、自家用の生産だけを目的とする果樹・野菜を混植したキッチン・ガーデンで栽培されている熱帯の柑橘を、小さいながらもまとまった商品生産の産地にしているという点でも注目される。

私たちはアンブロースさんの好意でつけてくれたイポーの教育委員会の方の案内で、このザボン栽培の元祖となっている徳勝果園を訪ねた。ここで聞くことができた話は、また、一つの熱帯産業の発展史であった。

私たちがここを訪ねたのは1964年2月19日であった。この産地の開祖になった人はまだ生きていた。陸耀庭（ユーティン）という79歳の小柄な老人である。高齢でかなり耳が遠くなっているが頭ははっきりしていて、話すことは

図37　マレーシア、イポー郊外のタンブン村、タンブン・ポメロ。二代目の原木

陸耀庭さんは60年ほど前にここにやってきた。彼は故郷の広東を出て、シンガポールを経てここに落ち着いた。1905年前後のことと思われる。たぶん、清朝末期の騒乱のなかにあった故郷を捨てて、当時ようやく繁栄し始めていた錫鉱山あるいはゴム園に仕事を得るためであったと思われる。ペラク州は、マレーシアの首都クアラルンプールのあるセランゴール州とならんで、錫とゴムの産地である。

ここで暮らし始めて間もなく、彼は1本の変わったザボンの木を見いだした。それは味がよく、しかもザボンにつきものの大きな種がなかった。この種なしザボンの木がタンブン・ポメロの原木となったのである。この原木はもう衰弱してしまったが、その木の二代目にあたる樹齢59年の木はこの果樹園の入口にあって、今もかなりの数の実をつけている。寿命の短い熱帯果樹には珍しい長命の木である。

彼はそこでそれまでの生活方針を変えて、果樹園をつくることとして、この木から苗木をつくって増やした。そうして果樹園をだんだんと広げていき、現在では約1ヘクタールの園に30～40年生の成木が300本ほどあり、よく実をつけている。この果実は品質がよく、1963年にはマレーシア農業共進会に出品されて第2位となり、遠くシンガポールまで売り出されている（注21）。この果実は日本のザボンより一回り大きく、果皮の色は浅い緑である。果肉の色は淡黄色で、非常に水分が多く、甘味は薄い。甘くてねっとりしたものが多い熱帯果実のなかでは変わっていて、好まれるのだろう。このザボンは陸さんの園ばかりでなく、このタンブン村一帯に植えられて、まとまっ

その方法は、この地方でゴムの木を増やすのに使われているのと同じ方法である。

すべて明晰だった。古い話もあまりはっきり言い切るので、むしろ不思議な気がした部分がある。ただし、これは通訳をしてくれた息子さんのせいかもしれない。陸老人は英語があまり通じないため、わかりにくいところを息子さんが補った。その話をまとめてみよう。

125　9章　熱帯アジアの国で——2人の篤農家

図38　マレーシア農業共進会でタンブン・ポメロに与えられた賞杯

た産地を形成している。

陸さんの果樹園は、今は息子の陸華燦（ロクファスン）さんが、その次男と一緒にやっている。つまり祖父から孫まで三代の経営である。長男は新聞記者をしているという。私たちのイポー滞在のことは現地の新聞にのったが、たぶん、この長男の仕事だろう。

私は日本での経験と知識をもとにして、かなり詳しくこの柑橘栽培技術について質問し討論した。そのなかで幾つかの特に興味をもった点を挙げてみよう。第一はここの苗木のつくり方である。これは若木のかなり太い枝の先端から1メートルくらいの所を丸く剥皮して、その部分を水牛の糞を混ぜた泥の魂で包み、外側を椰子の実の皮で覆って2か月くらいかけて発根させる。そうしてその下で切り取って植えるのである。この苗木のつくり方は多雨熱帯の条件によくあっており、大きな苗を早くつくることができ

第1部　果樹農業の現場で　　126

図 39 低湿地に高い畝をつくって木を植えるメナム（チャオプラヤー）・デルタのミカン園（タイ国のバンコク郊外）

る。また肥料はすべて自家製であるが、それは決してありあわせのものの利用ではなく、例えば木灰にしてもその材料やつくり方は決まっていて、成分配合にはよく配慮されていた。肥料は地面に積み上げて、土に混ぜない施肥法もこの雨の多い気候にあったものと思われた。ここのザボン栽培の特徴は、柑橘ではめったに行われない袋かけをする点である。なぜ袋かけをするかは話を聞いただけではよくわからないが、果実吸蛾の加害防止か、あるいは熱帯に特に多い果実の中に食い入る害虫の食い込みの防止のためと推定された。ここでは袋かけをしない実はすべて虫（陸さんは蜂が刺すといったがこれは疑問である）のために落ちてしまうという。

この果樹園を見て回ると、かつてカンボジアやタイで見たものよりも、はるかによく手入れされているのがわかる。ここには

127 　9章　熱帯アジアの国で——2人の篤農家

2種の柑橘が植えられていた。一つはこのザボンで、もう一つは桔子という、実が小さくて固い種類だった。この種類は強い酸味をもつが、熱帯アジアにかなり広く見かけるものである。ザボンだけの園をつくらず、混植することにも何かの意味があるのかしれない。

陸親子はそれから私たちが果樹園内を自由に歩き回り木や病害虫に注意しながら、木の性質を調べ、栽培の仕方や害虫と病気の発生状態を記録した。息子さんは私についてきて、控え目に質問に答えてくれた。ただ、その話し方には要点だけを簡単に述べる、どこかビジネスライクなところがあった。これは日本でも、遣り手の農民にときどき見られるタイプである。ある程度他人と間隔をおいた突き放した態度、言いかえれば自分たちが苦労してつくり出した技術は他人にたやすくは教えない姿勢は、この人たちの成功した一つの原因ではなかろうか。おそらくこの姿勢が外部の市場に出荷する農産物をつくる農業経営者にとって大切なものであろう。

全体として、このタンブン・ポメロの産地は成功の道をたどっているように思われた。日本の栽培あるいは経営技術とは違っているところが多いが、そのかなりの部分は技術的に遅れているというよりもこの熱帯気候に適応させるためのものと思われる。私はカンボジアのプノンペン郊外で会ったライさんの養蜂事業を思い出した。どちらも広東周辺の農民出身で、労働者として熱帯アジアの土地に裸一貫で住み着き、現地で見つけた動植物のなかに将来の発展の可能性を見て、工夫してそれまでになかった産業を起こそうとした。その一方が成功し、もう一方が停滞しているのは、個人の資質とそれぞれの持ち、あるいは利用できた技術と経営の質だけによるのだろうか。カンボジアやタイなどインドから陸続きで広がった東南アジアの国々の社会なり歴史の背景がここに投影されているのだろうか。マレーシアやインドネシアなど中東から海上交易路を経由して伝わったイス教（いわゆる南方仏教）の地方と、

第1部 果樹農業の現場で 128

ラム教の国々という、かなり違った文化圏に属するこの二人の篤農家のささやかな個人史は、この熱帯アジアの国々の将来と何らかのかかわりがあるように思えた。

注21　当時、マレーシアとシンガポールは一つの国で、分離していなかった。

10章 ミカンのもんぱ病 ——技術指導の誤りとその責任

　私が長崎県で果樹病害虫防除の仕事を始めたころは日本の農政の転換期であった。農業はそれまでのイネ——水稲——の絶対的重視から、多様化、特に園芸と畜産を重視する方向転換が進行していた。長崎県ではイネ、バレイショにつぐ主要作物としてミカンの大増植を始めていた。

　それまでミカンだったミカン園が1万2千ヘクタールになったことでもその増加ぶりがわかるだろう。県下でも500ヘクタールだったミカン園が1万2千ヘクタールになっていた。この地域は1940〜50年代に一時好景気に沸いた炭鉱地帯であったが、その後しだいに中小炭鉱の経営が苦しくなり閉山が相次いで、不況にあえいでいた。ここに植えつけられたミカン園を管理する農家は、水稲などからの転作あるいは炭鉱員からの転業が多くて、つくり始めたミカン園はかなりよくし続けているように見えた。

　しかし新しくミカン栽培に取りついた人たちの熱心さがそれを補って、その技術レベルは必ずしも十分ではなかった。ここがミカンの産地として自立するのも、数年のうちと考えられた（注22）。

　ところが1950年代の終わりごろ、このミカンの若い木が4〜5年生になって初めて実をつける時期になると、夏から秋にかけて突然に葉が落ちて立ち枯れになる例が目立ってきた。立ち枯れになった若いミカンの木を引き抜いてみると、ちょうど私の背丈くらいあってふつうでは容易に引き抜けないはずの木が、簡単に引き抜

第1部　果樹農業の現場で　　130

図40 樹根に絡みついた白もんぱ病の菌糸

くことができる。引き抜いてみるとミカンの若木にはほとんど細根がついていない。細い根の多くはちぎれて地中に残った。

抜けてきた根を見ると太い根の皮が剝がれており、皮の剝げた根には白い糸屑のようなものが絡みついていた。これは根を害する糸状菌つまりカビの一種である白もんぱ病の菌糸である。

それまで白もんぱ病というのは、ふつうはナシやモモのような落葉果樹につき、ミカンやビワのような常緑果樹にはつかないとされてきた。しかし、1950年代の終わりころから60年代のはじめにかけて、長崎県の各地で起こったミカンの若木の立ち枯れの原因はこの白もんぱ病だった。

私たちは1962年（昭和37年）以来ビワのもんぱ病について広汎な調査と除防対策を実施し、この病気についてかなりの経験を積んでいた。それで1964年に、県下の

131　　10章　ミカンのもんぱ病——技術指導の誤りとその責任

病害虫防除所と協力して、広く県下の新植地帯のミカン園のもんぱ病発生状況調査をした。その結果、65年にはある程度の発生状況がわかってきた。1964年に行われた調査では、505のミカン園について約2万4千本のミカンの木を調べた。見つかったもんぱ病にかかった木は914本だった。見つかったもんぱ病の見つけにくさを考えると、実際にもんぱ病にかかっている木はこの数倍はあると思はないようだが、もんぱ病の見つけにくさを考えると、実際にもんぱ病にかかっている木はこの数倍はあると思われた。調査した505園のうちで多少なりとも病気にかかった木が見つかったのが、その半数に近い217園であった。被害園の分布を見ると、この病気が県下の多くのミカン地帯に広がっていることがわかった。特に県北部の松浦郡の新植地域の被害が多いのが目立った。

白もんぱ病で枯れた木の跡を掘ってみると、地中に残った根にはほとんどこの菌糸が絡みついて黒く腐っている。さらにもう少し掘り下げてみると、地中1メートル以上の深い所に太い木の根や幹がたくさんかたまって埋まっていて、その全体に白もんぱ病の菌糸が無数に絡みついているのが見られた。これらの埋め込まれた太い根や幹は黒くなり、くずれかかっていた。

この埋まっている木の幹や根は、ここを開墾してミカン畑にするときに、わざわざ地中深く掘って埋め込んだものである。これによって、締まっていた山の土壌に隙間をつくり、また鉱物質の多い土に有機物を補給するという、土壌改良の意味で埋め込んだものであった。ところがこれが白もんぱ病のはびこるための培養基の役割をした。山土を早く果樹園の土に改良しようとした狙いが、裏目に出たわけである。

ビワ園のところでも述べたように、白もんぱ病菌というのはミカンだけでなくさまざまな果樹の根を侵す。そればかりでなくチャやクワ、あるいはイモ類のような草本にまでも寄生する。この菌は地中に埋められた木の枝や幹などにもついて、菌糸が盛んに伸びているように、生きた植物だけでなく、死んだ植物体でもよく繁殖する。

この菌はもともと生きた植物につく病原菌ではなくて、死んだ植物の遺体についてこれを分解する死物寄生

第1部　果樹農業の現場で　132

菌である。たまたまそれが盛んに増殖した場合、その一部が生きた植物の根にまで広がってきてこれを分解してしまうので、植物の病原菌となる。本来はこの菌は地中にある植物遺体を分解して構造の単純な有機物に戻し、植物が利用できる栄養として自然の物質循環のサイクルに乗せるという、非常に大きな役割を果たしている微生物なのである。もしこのような菌がなくなってしまったら植物遺体はいつまでたっても分解せず、そこに生えている植物に再利用されることはない。したがって、もしわれわれがこの菌を根絶できるとしても、これを根絶することは、長い目で見て利益のほうが損失より大きいだろう。このことは一つの微生物を簡単に病原菌として、われわれに有害なものと決めつけることはできないということを示している。

ここで私たちは栽培植物も、その病害虫も、またわれわれ自身もそのなかで生きている自然に対する姿勢あるいは見方について考えてみる必要がある。

われわれが害虫であるとか、病原菌であるとか言っているものはあくまでも人間の——さらに言うならばある特定の生活様式と価値観（これを文化と言ってもよい）をもった特定の人間集団の——立場から見た価値判断であって、それぞれの生物自体はそうした価値判断を超えた自然生態系のなかででき上がってきた動植物あるいは微生物なのである。その点で自然界では人間と平等の立場にあると言ってもよい。しかし、それが増えると人間の生活にとって大変に困ったことになるから防除しようというのは、これもまた人間という一種の生物の立場からしてやむを得ないと言える。しかし増えた菌を防除してあまり人間生活にとって邪魔にならないようにしようということと、それを押し進めて、このような害が全く起こらないようにするために、この害を引き起こす生物の種そのものを絶滅させようということとは全く別の問題である。人によって考えが異なるかもしれないが、私は例えいま有害とされる病害虫でも絶滅させるべきものではないと考える。その考え方は次のような二つの点で支えられている。一つは自然のいろいろな事物や現象がもつ多面的な性質を考えると、有害とされる生

133 　10章　ミカンのもんぱ病——技術指導の誤りとその責任

物にもわれわれがまだ十分には知っていない有益な面をもつ可能性があり、もしそれが絶滅した後でその有益な面に気がついても、もはや取り返しがつかないということである。もう一つは広い意味での自然のなかに生きている生物のごく深いところから出てくる感情として、われわれにとってどんなに都合が悪い害虫あるいは病原菌であっても、これを絶滅させる権利が同じ生き物である人間にあるとは思えないという気持ちである。もちろん、現在の技術ではいわゆる害虫や病原菌を絶滅させることは不可能に近いが、今後われわれの技術がいかに発達してもしてはならないことがあるとすれば、その一つがこの特定の種を絶滅させることではなかろうか。私は祖先から伝えられた自然崇拝に気持ちからこう考えるが、これは20世紀の終わりころになって西欧世界、特にアメリカのエコロジー運動の基本にもなっている考えでもある。

この議論は、具体的な問題となると大変シビアなテーマになる。例えば罹病すると治療法がなく致命的な病気を引き起こす病原菌を、技術的には絶滅できるのにあと一歩のところで技術的対応を手控えて絶滅しないようにしておくとすれば、その病気にかかった少数の人たちの人権はどうなるのかというようなことである(これはただし、感染と発病を分けて考えないところに生じる問題もあるが)。人間の遺伝病の診断が進んだ場合に、不幸になるのがわかっている先天的障害をもったその子供を産むべきかどうかということは深刻な課題として社会の問題となってきている。生命倫理あるいは環境倫理にかかわるこのような大問題の結論は早急にはだせないが、農作物の病害虫の場合には、まだ比較的合意をつくりやすいように思われる。害虫などの他の生物の問題にせよ、これは科学を超えた思想あるいは信仰の問題であろう。江戸時代の大規模な作物保護の成功例として知られる対馬のイノシシの駆除の際にも、この大事業の企画者であった対馬藩家老の陶山鈍翁が、対馬全域からイノシシを駆除するとともに、対馬のイノシシが絶滅しないように、捕らえたイノシシのいくらかは殺さずに人間に害を生じない所に放したという記録が残っている(注23)。

第1部　果樹農業の現場で　134

この事業は1699年（元禄12年）に計画が立てられ、1700年（元禄13年）から1709年（宝永6年）まで10年がかりで行われた。ちょうど徳川将軍綱吉の時代で、有名な「生類憐れみの令」の行われていた時期である。対馬全域を88ブロックに分けて垣で仕切り、一つずつの区画からイノシシを駆除していった大がかりかつ組織的なものであった。これによって対馬ではイノシシの農作物食害がなくなり、島民の食料自給が可能になった。このとき、捕らえたイノシシの一部は農業と関係のない小島に放したという。

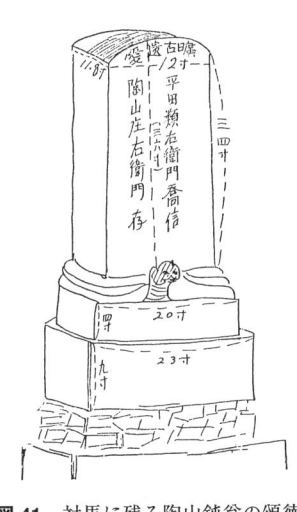

図41 対馬に残る陶山鈍翁の頌徳碑
（史跡名勝天然記念物 第10集1号 1935年）

このような行為の根源には、人間が享受している自然の恩恵のすべてを、人間が独占してよいものではなくて、本来これらは自然の生物と共有しているという世界観あるいは自然観——それはおそらく古い自然信仰に由来するもの——があったのではなかろうかと思われる。私にはまだ十分には理解できないので断言できないが、それは20世紀後半になって広がった西欧のディープ・エコロジーとは違った流れの思想ではないだろうか。

もんぱ病のことに戻って、われわれがこのミカン産地の存亡にかかわる問題にどのように対応したかを述べる。当時から土壌中の病害の対策技術は、ある程度できていた。それは、枯れた木の植え直しに関する技術と、病気にかかっていない木に対する治療技術の二つに分かれる。私たちはその2、3年前までにビワの白もんぱ病について大体の防除技術を確立していた。いるがまだ枯れていない木に対する感染防止もそのうえに付け加えてもよいだろう。

135　10章　ミカンのもんぱ病——技術指導の誤りとその責任

枯れてしまった場合にはその植え穴を中心に、強力な土壌殺菌効果のあるガス剤のクロルピクリンで消毒して、植え直すことである。

まだ枯れてしまっていない木については、病勢が進んでもう手の施しようがない場合には枯れた木と同じ処置をとり、調べてみて回復できそうな見通しがあれば、掘り起こして病原菌に冒されている根を切り取り、残った健全と思われる部分の根とその周囲の土を有機水銀乳剤で消毒することだった。ミカンの若木の場合は木が小さいので作業はビワに比べてはるかに楽だった。ただ、この有機水銀剤の毒性にどう対処するかという問題はビワの場合と同様である。

使用する農薬に大きな問題はあったが、さしあたってこのまま放置しておくと次々と若木が枯れて、県下の新しく造られ始めた産地が大打撃を受ける可能性が大きい白もんぱ病を抑えるために次の処置が進められた。

(1) 枯れてしまった木の抜き取りと跡地土壌の消毒
(2) 病気にかかってはいるが治る可能性のある木の治療
(3) 若木への感染防止

同時にこの裏づけとなる予算措置も進めた。産業面では新技術の適用というと、必ずその経費の問題がついて回る。経費の手当てなしにはどんな新技術も生きてはこない。

ここに新技術開発あるいはその実地への適用の大きな違いがある。技術は必ずコストの問題と結びつく。いかに優れた技術でも、経営的に成り立たなければ技術としては成功しない。ただし、このコストとそれによって得られる利益の関係にはすぐにわかるものと、長い年月たたないとはっきりしないものがある。また、ここで利益というものには、個人あるいは個々の企業などの収入として算出できるもの

第1部　果樹農業の現場で　136

と、環境の浄化や安定にかかわるものなどで、個々の人や企業の立場だけからは容易に算出できないが、人間社会全体から見て非常に重要なものもある。

すでに決まっていた方法で(1)と(2)の防除対策を進める一方、(3)についてはそれ以上にもんぱ病が発生しないように、開園のときに地中に埋め込んだ木の枝などの粗大有機物の掘り起こしと除去を進めた。このことには大きな労力がかかる作業であると同時に、これまでのミカンの栽培技術指導の方針に関係した難しい問題がからんでいた。

ミカン園を開く場合の土地改良法として伐採した樹木の幹や枝葉、いわゆる粗大有機物を埋め込むことは、ミカン産地育成のために県が指導した技術であった。酸性の強い、そうしてかたく締まっていて鉱物質の多い山の土を早くミカン園に適した土にするためにこの方法は役立った。もしもんぱ病さえ出なかったら、この県の技術指導方針は成功したと言ってもよいだろう。この粗大有機物の埋め込みが勧められた1950年代の後半には、もんぱ病はモモやナシでときどき発生する病気であって、ミカンやビワなどの常緑果樹とは無縁のものと思われていたのである。埋め込んだ粗大有機物がもんぱ病菌の増殖源となり、ひいては新しいミカン産地の成立をさえ脅かすこととなろうとは、誰も考え及ばなかったとしても無理はない。

さらに病害虫防除技術の立場から言えば、園芸振興が大きく取り上げられる前までは日本の農業病害虫の専門家のほとんどはイネの病害虫防除のための試験研究に全力を注いでいた。いもち病やニカメイチュウ対策に大半の研究者がかかりきっていた。現在では日本国内にはほとんど発見できなくなって標本をつくろうとしても手に入らないサンカメイチュウが西南日本の稲作の大害虫で、その防除技術を開発するために特別の研究室がつくられていた時代である。すべてがイネの病害虫に集中していた時代に、畑作のもんぱ病についての配慮がたりなかったと言って誰を責めることができるだろうか。しかし、一面から言えば実際に県の技術指導に従って、

137　10章　ミカンのもんぱ病——技術指導の誤りとその責任

多くの農民が多大の労力をかけて埋め込んだ粗大有機物によって、ようやく実をつけ始めたミカン園が存亡の危機にさらされているのである。

この「ようやく実をつけ始めた」という言葉の重さは、このような労苦を経験した現場の人でないとわからないかもしれない。果樹園というものは、山を切り開いて畑にして苗木を植えて育てていく間の数年間は全くの無収入で、若い果樹園を管理する費用や農家の生活費は別の方法で稼がなくてはならない。実がつき始めてやっと少しの収入が入り始める。実がついて経営が成り立つようになるまでは最低限の生活をしていけるように全員が禁煙をすることを申し合わせたという話を聞いた。果実がつき始めたということは、その労苦がやっと報われ始めたときに、そのころになって相次いで枯死していくミカンの若木を見る農家の人たちの気持ちがどんなものかは察するにあまりがある。

この対策の決定、特に埋め込まれた粗大有機物をもう一度大きな労力をかけて掘り出すことは自分たちの数年前の指導の誤りを自ら告発することであって、農業試験場を含めて県の果樹行政ならびに技術担当者にとって、非常に苦しい決定だった。しかし放置しておくわけにはいかない。幸いそれまでの県の指導の誠意が農民に受け入れられていたためか、はじめの指導方針の間違いはあらためて追求されることもなく、この掘り出しの作業は進み、それ以後の白もんぱ病の発生は目立って減ってきた。

佐世保から平戸、松浦市にかけてのいわゆる県北地域は、南国九州というにはあまりにも寒々とした地域だった。樹木の少ない低い丘陵の続くこの地方の自然ばかりではなく、この山野に残るかつての繁栄の痕跡やボタ山、閉ざされた坑口、崩れかかった事務所や炭鉱住宅街などがその寒々とした印象を強めていた。昭和20年代の石炭ブームにわいた多くの中小炭鉱跡の人気のないボタ山、閉ざされた坑口をいっそう強く印象づけた。炭鉱が閉ざされ人口は

第1部 果樹農業の現場で　138

激減して苦境に立ったこのあたりの市町村とそこに残る人たちが、もう一度生き返るための望みをかけたのがこのミカン産地としての再起だった。それが多大の労力と資金を投じて開墾、植え付けから数年の苦闘の末、やっと収穫を始めようとするこの時期に、それまでの苦労を無にしかねないような問題を生じた。しかもその原因が県の指導を信じて真面目に汗を流した粗大有機物の埋め込みであったということは何という皮肉だろうか。それを思えばどんなに責められても仕方のない県の技術指導部の一人として、私は何も言えないでこの掘り出し作業に立ちあっていた。

ミカンのもんぱ病の発生の経緯は幾つもの問題を提示している。

その第一は、先にも述べたように、自然界に本来なくてはならない大切な役割をする微生物が、管理の仕方によっては産地に致命的な損害を与える病原菌に転化するということである。変わると言っても菌そのものは全く変化していない。ただその働いているところが、たまたま人間にとって都合の悪い場所だったということである。これがミカン園で大きな損害を生じるようになった理由は、第一に人間の栽培技術にある。つまり園をつくるときに土壌を改良するために行った粗大有機物の埋没が主因になったものと思われる。それは経費も少なく、環境を攪乱する工業製品を投入することもなく（土壌の物理的性質を改善する土壌改良剤は当時すでに工業製品として発売されていた）、自然に順応した非常に優れた土地の改善技術であったが、ここに予想もしなかった白もんぱ病菌が入ってくることによって、産地にとって致命的な問題となった。このことは、どんなに優れた技術にも思いがけない落とし穴があることをわれわれに教える。

さらにもんぱ病菌が広くミカン園に広がっても、それだけではすむ可能性は十分にあった。この菌がミカンの根を侵すためには、皮肉なことに、農家が待ち望んだこと、つまりその被害を受けないでもすむ可能性は十分にあった。その条件をつくったのが、皮肉なことに、農家が待ち望んだこと、つまり弱しているという条件が必要だった。その条件をつくったのが、皮肉なことに、農家が待ち望んだこと、つまり

りミカンの木に果実が実り始めたことであったと考えられる。木にとっては果実がなるということは、その果実に膨大なエネルギーが流れることを意味する。人間で言えば、出産にも例えられる大きな出来事である。それまで成長し続けてきた若木にわずかに4〜5個という程度の少しの実であっても、1本にわずかに実がなるとその後の成長が大きく阻害されるために、実が小さいうちに摘み取って木に負担がかからないようにするくらいである。初めて結実した木は衰弱してしまい、もんぱ病菌の侵入と発病を許すわけである。こうしてミカンのもんぱ病がこの時期に大きな問題として現れてきたものと考えられる。

考えてみるとミカン若木に対する白もんぱ病の発生とその大きな被害は、自然界の生物の動きとしても、農業生産を上げようとする農民と農業技術者の努力からも、ごく無理のない活動の結果として起こってきたものである。これは農業における病害虫というものが、自然のなかで特別に有害な結果を生じる異端児ではないことを示している。しかしまた、それを適切に制御しないと食料生産のほとんどを農業に頼っている人間は生きていけないことも事実である。

このもんぱ病の発生のなりゆきを見ると、それを予見することは非常に難しく、その誤りを責めることは人間の限界を超えることのように思われる。

新しい技術は、農作物を取り巻く自然というより大きなシステムのなかで、思いがけないさまざまな問題を引き起こしていき、はじめの目的と大きく食い違っていく可能性がある。しかし人間は実際に経験しないかぎり、それを予見することは非常に難しく、その誤りを責めることは人間の限界を超えることのように思われる。

ここではわたしの経験した農業技術のなかから例を挙げた。それは農業技術のなかによく現れるように思われるが、その他の分野、例えば工業や医療でも形は違ってしばしば起こってくることではないだろうか。

第1部 果樹農業の現場で　140

現代技術の目覚ましい成功例がしばしばジャーナリズムに取り上げられて、農林業の現場の一見泥くさいこうした技術問題は、その陰に隠れてしまっている。農業技術の分野でもバイオテクノロジーが大きく取り上げられるが、バイオテクノロジーでつくり上げられる新技術が実際に適用されるのは、特別な施設農業のほかは、現在も将来もやはりこの広い意味の野外の自然のなかであり、そこは人間の力では制御できない、また予想しがたい（あとから考えると予見できそうには見えるが）さまざまなアクシデントに取り巻かれている。また、社会と文化の型が、技術にある種の制約を加える。こうしたなかで多くの農業技術は、少しずつ進んでいくのが実態であろう。ミカンのもんぱ病はこれを私たちに教えてくれているように思われる。

注22　この県北地域などの新しいミカン産地の育成は結局、成功しなかった。これは一つの例であるが、社会と産業界が結果として農業を見捨てたことは、日本の現代史の一つの大問題である。これが現在の環境問題の根本にかかわっていると私は感じている。

注23　この本の初版の記述では、私の思い違いでシカとしていたが、正確にはイノシシである。

141　10章　ミカンのもんぱ病 —— 技術指導の誤りとその責任

11章 無病の島づくり──宇久島のかいよう病根絶計画

1966年（昭和41年）から3年間、私は五島列島の北端にある宇久島の福原オレンジ集団産地の病害虫対策、特にかいよう病根絶のために努力した。

五島列島は南側に並ぶ五つの大きな島とその付近の小島からなる下五島と、北に少し離れてかたまるやや小さな3つの島を中心とする上五島に分けられる。宇久島は小値賀島とともにこの上五島の中心である。宇久島は横にある寺島という小島とともに宇久町という一つの町をつくっている。私がこの仕事を始めたころの人口は約9千人だった。

上五島行きの小さな汽船は佐世保港から出る。明治時代から日本有数の軍港であったこの港は、その2年前の1964年にはアメリカの原子力空母エンタープライズの寄港をめぐって激しい反対運動の焦点となり日本中の注目を集めた。しかしその当時でも特別の問題のないときには静かな、町を歩く人も少ないどこかわびしさのただよう港町であった。

朝の7時半に港を出た300トンくらいの小さな船が佐世保湾から外洋に出て平戸島の南端を回ると、目の前に広がる青い東シナ海の水平線上に五島の島々が見えてくる。その北端に二つの島が見える。南側にあって高い屏風を立てたような島が野崎島、その北にやや平たく水平線に張りついたようになって中央に小さく尖っ

第1部　果樹農業の現場で　　142

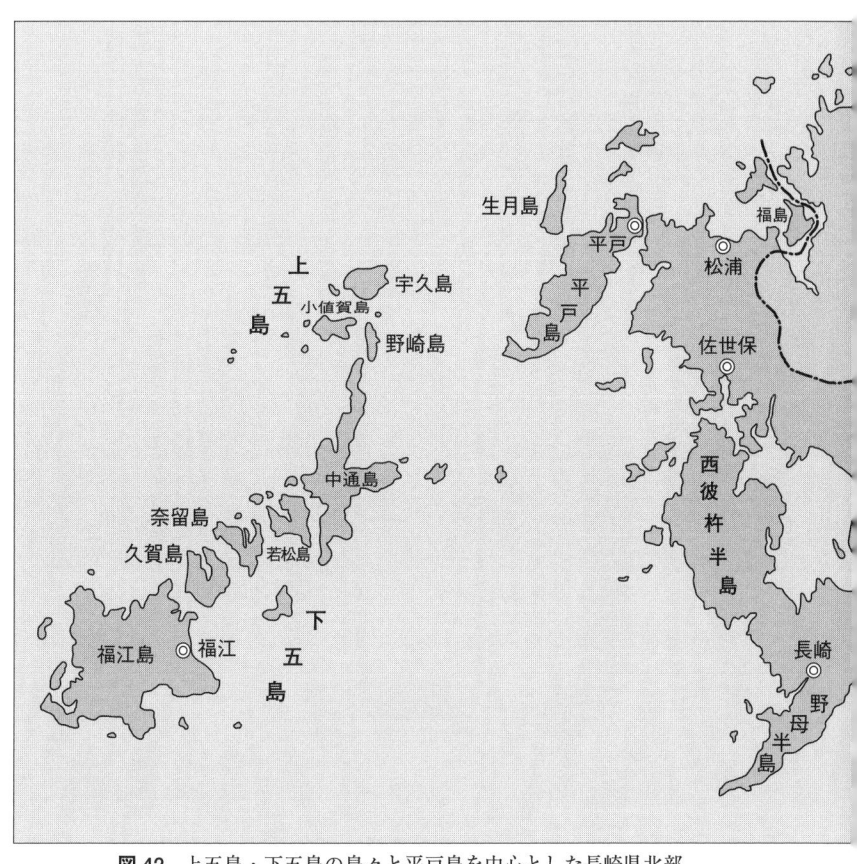

図 42 上五島・下五島の島々と平戸島を中心とした長崎県北部

図43 小値賀島より見た宇久島（津田堅之介氏撮影）

たピークをもつのが、目的の宇久島である。船が宇久島の平港につくのは、海が穏やかなときで10時半、佐世保からほぼ3時間の船旅である。

五島列島、特にその北端の宇久島などというと、僻地のなかでも僻地のように思う人が多い。しかし地方史や民俗学が近年になって再発見したように、西九州の島々は不思議な新しさと活性を潜めた土地であった。この宇久島よりもう一つ沖合いにある小値賀島は江戸時代から遠く瀬戸内海の地域と交流が盛んであり、さらに明治以後は海外へ出る人が多く、そうして年老いて帰住した人たちの持ち込んだ物や考え方によって、時には本土より進んだ人々の生き方があった。主な道路を最も早く舗装したのは、長崎県内ではこの小値賀島であったと言われる。

五島の島々がさびれ始めたのは、むしろ近代になってからである。大都市がますます繁栄して若い人たちを引き寄せ、地方の過疎化を進めたとき、これらの島々もその波をかぶって人口が減り始め

た。そのうえ、サバなどの大漁場である東シナ海に面して大きな漁業基地であった五島の場合は、漁船の性能が向上して多くの船は本土から直接に漁場に向かい、中継港が不必要になったことも、この地域の小さな港々には打撃だった。また明治時代までは人と物の交流に大きな役割をもった沿岸海上交通が、鉄道と道路の発達によって陸上交通にとって代わられたことも大きな変化である。こうして五島の島々、特にその中心である福江島から遠く離れた上五島の島々は、人の少ない静かな島なのかも、高い山をもち森林に覆われた野崎島からまとまった村がなくなってほとんど人の住まない島となっていった。上五島の三つの大きな島のなかで福原オレンジの集団産地をつくることを考えた。

1960年代の中ごろである。宇久島でも、この時代の10年間に人口が3割近く減少した。

こうしてさびれていく島の人たちに、再びの繁栄への望みを託されたものの一つが、黒潮の分流に洗われるその暖かい気候を活用した柑橘栽培であった。それも、ふつうの温州ミカンを植えるのは、島内消費分を別とすれば、とうてい本土の大産地と競争することはできないことを自覚した宇久島の人たちは、島独自の産業として福原オレンジの集団産地をつくることを考えた。

福原オレンジというのは、昭和初年に千葉県でつくり出された一種のオレンジである。その果実は美しい橙色で、甘味の強い独特の風味をもっていた。長崎県でも島原半島南端の加津佐町（かずさ）は、この福原オレンジではその当時は日本でも一、二を争う集団産地で有名だった。このオレンジは酸味が少なくて本場のオレンジよりも日本人の味覚にあううえに、固くて長距離の輸送に耐え、また全国的にみて生産量が少なく、大都市の市場で有利に販売できると考えられた。

しかし、この島のオレンジ類の栽培には一つの障害があった。それはかいよう病（潰瘍病）である。雨が多く、また秋には強い台風をうける日本においてオレンジの栽培が発展しなかったその原因は、この病気のためだとも言われている。

145　11章　無病の島づくり——宇久島のかいよう病根絶計画

かいよう病は柑橘類の葉や果実に、丸い黄色の病斑を生じる病気である。この病気にかかった葉は落葉し、病斑が出た果実は商品価値が著しく下がる。これによって落葉した木は光合成能力が大きく低下して、木の成長が止まることさえある。

日本のミカン産業で三大病害と言われる、そうか病、黒点病、かいよう病のうちで、これまでかいよう病が比較的問題とならなかったのは、日本のミカン産業の主体を占める温州ミカンがこの病気にかかりにくいからだった。一方、オレンジ類はこのかいよう病にかかりやすい性質をもっていた。福原オレンジも例外ではなかった。宇久島でも植えつけられたはじめの時期からかいよう病の発生がひどく、特に島であるために風当たりが強いことが、発病を促進した。冬になるとかいよう病にかかった葉は全部落葉して枯れ木のようになり、1年たっても全く成長しない木もあった。宇久島ではかいよう病対策が最も大きい問題になったのも当然である。

宇久町にある県の農業改良普及所と農協の技術員の方からこの相談を受けたとき、私は一つの案を考えた。それは離島という不利な条件を逆に活用して、無病地帯をつくることだった。

ふつう、広い産地全体から病気や害虫を全くなくしてしまうことは不可能である。極端に濃密な防除をして、農薬を年に何十回も散布すれば局地的に病気や害虫を全滅させることができるが、すぐに周りの産地から侵入する病害虫のために元の密度に戻ってしまう。そのうえ、そんな大量の農薬を使えばひどい環境汚染を引き起こして、住民や野生生物に大被害を生じるだろう。この当時、かいよう病に効く農薬は有機水銀剤かストレプトマイシン剤であったから、その大量使用による環境と食品の汚染は大問題になることは予想できた（ただし有機水銀剤は間もなく使用禁止になった）。

私が、かいよう病ならこの島ではあるいは農薬を使わないで根絶ができるかもしれないと考えたのは、かいよう病という病気のもつ独特の性質によっている。

図44 ミカンの葉に生じたかいよう病の病斑

植物病原菌の多くが糸状菌、いわゆるカビの仲間であるのに対して、かいよう病原菌は珍しく細菌（バクテリア）に属している。細菌は動物の病原菌には多いが植物の病原菌にはごく少ない。糸状菌は環境条件が悪くなると胞子をつくって休眠する。この胞子は厳しい環境条件に耐え、また、寄主から離れて風に飛ばされたりいろいろな物について遠くへ移動することができる。一方、細菌はこうした厳しい環境条件に耐える時期がなく、寄主から寄主へと直接に移っていく、寄主の体に入ればすぐに外から目につく病斑をつくるために、人目に触れない潜伏期というものがほとんどない。

その生態から考えて、かいよう病の場合、病斑のついている葉や枝を完全に取り除けば、生きた病原菌は大幅に減り、それを繰り返すことによって果樹園内の病原菌そのものがなくなってしまうはずである。この菌は柑橘以外の植物に寄生しない。また、ふつう、細菌は地面に落ちれば土の中にいる多くのバクテリオファージ（細菌に寄生する一種のウイルス）によって殺されるから、病斑のついた葉や枝は地面に切り落としておけばよく、潜伏した菌糸や胞子を殺すために焼却する必要もない。この点、寄主植物から離れても胞子の状態で長く生き続ける糸状

菌と違っている。

　もしこれが本土の広い地域であれば、いくら費用と労力をかけても、何千ヘクタールという産地全体の病枝葉を取り除くことは不可能であるうえに、村や町の家の庭に植えられていたり、山林の中に自然に生えた柑橘まで全部調べることはできない。しかし宇久島は直径3キロメートルの島で山も浅く、原生林もほとんど残っていない。またここに住む人たちはお互いに家の中までよく知りあった地域社会をつくっているから、すべての柑橘園だけでなく、庭や山にある木も含めてこの島に生えている柑橘類のすべてを調べることは可能と思われた。ここの古い人家の庭や山中に生えている木は、かいよう病のつきにくい温州ミカン系の在来柑橘とも有利な条件だった。島外から持ち込まれる柑橘の苗木の徹底的検査によって侵入する病原菌を水際で食い止め、すでに侵入している菌は発病枝葉の完全な摘み取りによって根絶すれば、あとは苗木による持ち込みだけを警戒しておれば、かいよう病のない無病の島にすることもできると考えた。

　この「無病の島づくり」を進めるうえでの未解決の問題は、かいよう病菌が風によって海を越えて飛んでくる可能性だった。宇久島の近くにある野崎島、小値賀島にはかいよう病の発生源はほとんどなかった。残るのは海上20キロを隔てた平戸島からの飛来の可能性だった。厚い被膜をもつかいよう病の発生源はほとんどなかった。残るのは海上20キロを隔てた平戸島からの飛来の可能性だった。厚い被膜をもつ糸状菌の胞子なら十分に移動できる距離である。毎年、春先に中国大陸から黄砂とともに飛んでくるサビ病菌の胞子によるムギのサビ病は、西日本のムギ作の大きな問題になっている。しかし植物組織のなかで生きていて細胞膜も薄く、いわば裸の細菌にこのような抵抗力や移動能力があるとは考えにくかった。

　こうしたいろいろな面から判断して、私は宇久町役場、農協、農業改良普及所、病害虫防除所ともよく打ちあわせて、いよいよこの無菌化事業に乗り出した。

　はじめ1年間は島の一部の園で病枝葉除去のテストをし、そのうえで3年がかりで全島の無菌化を目ざした。

第1部　果樹農業の現場で　　148

小島とは言っても100ヘクタールを超す宇久島のオレンジ園全体を対象としたこの事業では、われわれ県の試験場の職員と普及所、農協の技術員だけではとうてい人手がたりない。実際の作業は島のオレンジ栽培農家の方々が主体になる。そのためにはまず農家の人たちに病気にかかった葉や枝の見分け方、除去の方法、作業上の注意などの技術的トレーニングが必要である。また病枝葉の除去をすれば必ず病気は減るのだという事実を体験してもらうことも大切である。はじめ1年間のテストはこれらの訓練と、効果の展示も兼ねて行った。

この仕事は、全県下にわたる果樹病害虫問題と取り組んで多忙をきわめていたわれわれの研究室のなかでは、主に私が担当することになった。実は、小さい船で、時には激しい波浪にゆられて玄海灘や東シナ海を渡らなければならない離島の仕事は、研究室でも敬遠するものが多いので、責任者として私が先立って引き受ける必要があった。

私がはじめにこの島へ渡ったのは1966年9月のことだった。この第一回の渡島のときから、早速台風の余波で帰航の船が欠航して、帰るのが1日遅れることになった。この日、私はすることもなく、宿の2階の廊下の籐椅子に腰掛けて、1日中防波堤に当たって高い飛沫をあげている灰色の大きな波を見て過ごした。島への往復の船旅は、海が荒れるときは苦行と言ってもよかったが、島での暮らしは楽しかった。毎回、島へ着くとすぐに園を見回り、講習会でかいよう病をはじめミカンの病気と害虫の話をし、晴れた日はオレンジ園の現場で生産組合や農協婦人部の人たちと作業をした。風よけの石垣で囲んだ古い家々の庭には緑のアコウの木が濃い陰をつくり、石垣の上からオオタニワタリが垂れ下がっていた。島の中心にある海抜259メートルの城ケ岳からは青く広がる東シナ海が見渡された。

第一年目のテストはうまくいった。6回の摘葉とその補助手段としての薬剤散布によって、かいよう病は目立って減少し、本来ならば増えてくるはずの秋になっても、ごく低い発病率に止まった。

その冬から全島をあげての病斑除去を始めた。私たちは年に2〜3回、この島を訪れてはその状況を見て回り、気のついた点のアドバイスを繰り返した。病気の葉や枝の摘み取りは少しであれば簡単な作業だが、広い園になると想像以上に大きな労力を要した。幸いに木がまだ若く、人の背丈よりも低いので作業はいくらか楽であった。

病枝葉の除去によって、かいよう病は明らかに減少した。オレンジの産地としてはめずらしい低い発病率となった。ただ、これを目的どおりに根絶するのは非常に困難なことがわかってきた。毎年、秋の終わりによく調べてみると、やはり1％以下ではあるが病斑のついた葉が見つかった。もちろん、防除実施前の30〜40％の発病率に比べると大きく低下している。しかし発病した枝葉を皆無にしないことには、これからも毎年防除のために多大の労力をかけることになり、経営を圧迫するから本当の解決にはならない。

この根絶できない原因が、病葉除去の際のごくわずかな見落としにあるのか、または最初に懸念したように海を越えての菌の飛来にあるのかはわからなかった。完全な解決のために、私たちは海上飛来の問題を確かめたいと思った。平戸から宇久島までの海上に舟を配置し、東風の日に平戸からかいよう病菌を飛ばして舟の上にセットした培地で捕集する調査を真剣に考えた。しかしこの調査には、それまでとはけた違いの費用がかかる。使える予算の限界と、忙しいわれわれの研究室と現地の人たちの都合もあり、これは実現できなかった。ここまでくれば「無病の島」の実現までにあと一息と思いながら、当面のかいよう病対策確立の事業は終わった。

私はこの仕事が成功すれば植物防疫の新しい方向を開くものになると期待していた。しかしこの結果によって病害虫防除の難しさをあらためて思い知らされた。かいよう病の発生をごく低い程度に抑え続けるという一応の成果を上げて、福原オレンジの産地をつくり維持していけるという見通しを立てて、島の人たちの期待に

第1部 果樹農業の現場で　　150

応えることができたのが、この仕事が一段落するときの私のいくらかの慰めであった。

しかしその後の社会情勢の変化、特に柑橘類の輸入自由化の波は、この小さな島の人たちの懸命の努力ではどうにもならなかったようである。この宇久島の福原オレンジの産地のその後のなりゆきは、別の任地に移ってすっかり違った仕事をするようになっても、いつも私の気にかかっていた。断片的に聞こえてくる話では、この集団産地をつくる計画は、結局はうまくいかなかったようである。私はもう一度この島を訪れて、ここの福原オレンジ栽培がどうなったかを聞いてみたいと思い続けながら、ついにその機会を得ないままに過ごしている。

宇久島の人たちが、私たちがいくといつも素朴な喜びをみせて歓待してくれた。貧しい島であったが、磯の魚介類が美味しかったことは、今も忘れられない。かいよう病防除の共同作業が終わって帰る日の前日の午後、島の人たちと私たちはいつも少し早く仕事を切り上げて、島の西側の磯へいった。切り立った30メートルほどの断崖の割れ目を下ると海面すれすれに岩棚がある。その前は青い東シナ海である。島の人たちは家ごとに持も伝えた潜り眼鏡と銛をもって海に入り、1メートルほどもある大きな魚を突き、アワビやサザエを集めてきた。石で打ち砕いて殻から出した貝の身を海水で洗ってそのまま食べ、岩場の上で流木を焚いてあぶった魚とともに地酒を楽しんだ日々は、私の30代の最もよい時間だったように思う。

11章　無病の島づくり——宇久島のかいよう病根絶計画

12章 干ばつの年——1967年

　1967年（昭和42年）の初夏から秋にかけて西日本は近年にない大干ばつに見まわれて、長崎のミカン産地も大きな打撃を受けた。それは農業、ひいてはわれわれの生活が、今でもなお圧倒的な自然の力の支配下にあることを、骨身にしみる経験として教えてくれた。

　この年の冬から春にかけては、特に変わったこともなく季節は進んでいった。農林センター果樹部の広い庭園には各種のツツジが色とりどりの花を咲かせ、研究用のミカンの木は白や紫の花をつけた。その花も散り、梅雨に備えてそうか病の第1回防除にかかるころとなったが、毎年そうか病の初期感染を広げる雨が、この年にかぎってほとんど降らなかった。5〜6月の雨は病気を広げるが、害虫の発生を抑える傾向がある。反対にこの時期に雨が少ないと病気は増えるが害虫は増えた。

　7月に入っても雨は降らない。そのうちに雨は降るだろうとのんびりしていた農家の人たちも天候を気にしだした。気象庁の長期予報もこのように長く雨が降らないとは予報していなかった。元来、日本でも雨の多い地帯に属して、例年の年間の降水量が2千ミリを超える九州の各地でも、これだけ雨が降らないとそろそろ水不足の心配が出てくる。都市でも農村でも水不足が人々の話題にのぼり始めた7月の8日過ぎに突然、大雨が降った。2日ほどの短期間の集中豪雨は各地に水害を引き起こした。皆、驚きながらも一方では水不足の心配

第1部　果樹農業の現場で　　152

が解消したものとして一安心した。水がたりないために農作業が遅れていた田畑では、いっせいに作付けや施肥が進んだ。

ところがこの2～3日の豪雨が過ぎた後、また雨がぱったりと降らなくなった。7月下旬から8月中旬にかけての最も暑い季節は、毎日のように晴れわたった青空からせっかく強い陽光が降り注ぎ、地面からの蒸発と植物からの蒸散は土地の水を奪っていった。7月はじめの大雨でせっかく満水した用水池の水は日に日に減っていき、水田の水はかろうじて確保されたが、もともと水が少ない土地にあった畑地では地面は乾き切ってしまった。畑に撒かれた化成肥料はいつまでたっても散布した白い粒のままで土の中に溶け込まず、長崎県下の各地ではミカン若木の夏枝はほとんど伸びず、成木園では指頭大よりやや大きくなりかけていた果実の肥大は止まってしまった。乾燥しやすい傾斜面の上のほうなどに植えられたミカンの木は目立って衰弱していった。

こうなってくると農家の人たちも一生懸命である。地面からの水の蒸発を防ぐためにミカン園には厚く敷きわらをし、できる所では灌水(かんすい)をして樹勢の維持に努めた。

もちろん水不足は都市の人たちの生活にも影響し始めていた。水源地の水が残り少なくなってきた長崎市はじめ県内の主な都市では水道の時間給水が始まり、給水車が出動し、新聞やテレビのニュースは毎日のように生活用水の不足によって起こる町のさまざまな表情を大きく取り上げた。しかし新聞やテレビのニュースにあまり出てこない農村でも、この間に作物を守る必死の作業が続けられていたのである。

8月中・下旬になると多くの用水池は底まで干上がり、乏しい水が流れている川から水をくみ上げてせき止められ、そこにたまった水をポンプでくみ上げるようになった。ほとんどの川は河口部に土嚢を積み上げてせき止められ、そこにたまった水をポンプでくみ上げてドラム缶で山のミカン園に運び上げては灌水して、木が枯れるのを食い止めようとした。河口の川床を掘り下げた取水場には真夜中まであかあかと照明がつき、水をくみ上げるガソリンエンジンの音が夜通し鳴り

153　12章　干ばつの年――1967年

響き、水を積む順番を待っているトラックの列が続いていた。長崎市内では１個１千円だった古いドラム缶が３千円に値上がりした。水を運ぶためのドラム缶がたりなくなり、徹夜で水を運ぶ人たちの目は赤く血走ってきた。この骨身を削る努力にもかかわらず、強い日差しのもとでミカンの葉は丸く巻き上がり、黄ばんで落葉し始めた。

試験場でも、このころになると日常の業務の多くはストップしてしまっていた。職員は手分けして県下のミカン産地を回り、水不足の状況からミカン園の乾燥状態や樹勢が弱って枯れ始めた木の数を調べていた。そしてなけなしの水をどこでどうして手に入れるか、少ない水をどう使って木を枯らさないように守るかを検討した。試験場のミカン園自体が枯死に瀕していた。

農林省（現在の農林水産省）でもこの干ばつによるミカンの被害を重視して、九州農政局では、九州全体のミカン関係の試験研究者を久留米の農林省園芸試験場久留米支場（当時）に招集して対策会議を行った。しかしどの県でもこのようなひどい干ばつは初めての経験なので、的確な対策は立てられなかった。今後このような大規模な干害に備えて、行政面では畑地灌漑(かんがい)のための施設に対する国庫補助事業の予算化を要望することとなったが、今の場合にさしあたって役に立つものではなかった。

干ばつは私たち自身の身の回りにも予想もできなかったような変化を引き起こしていた。その一つが道路だった。当時は一部の幹線以外には舗装道路はほとんどなかった。道路は乾燥が続くにつれて車や人の足で路面の土が踏み砕かれて細かくなっていった。繰り返し踏み砕かれる土は、それを湿らせて固める水がないためにいっそう細かく砕けて粉になり、路面は灰のような土の粉で厚く覆われ、ところによっては足首までその中に沈み込んだ。風が吹けば灰神楽のように吹き上げられ、道路には人の足跡や車輪の跡がくっきりと残った。一方、害虫もこれだけ乾燥が続くとミカンの木の病害はほとんど問題にならないくらいに少なくなった。

第１部　果樹農業の現場で　154

がひどくなると生理的に支障が出るのか、あまり増えなかった。ふつうの年なら晴天が続いて雨が降らないと大発生するミカンハダニも、最初は多発のきざしが見えたが干ばつがひどくなるにつれて減っていった。あらゆる動植物がすべて、ただ雨を待ち望んでいることがひしひしと感じられた。

私は自然の大きな力に比べて、人間の力がいかに小さいかをつくづくと感じていた。科学技術がこれだけ進んだと言われるのに、その技術がいま目の前で枯れていくミカンの木を救うこともできない。解決は簡単であって、ただ水があればよい。十分な水を供給するのは政治の問題だということもできる。しかしどれだけ大きな政治の力をもってしても、十分な水をどこかでつくり出し、この広い畑に供給するにはそれなりの技術がいる。この耕地に水を供給するという技術こそ、人類の農耕文化が始まったときから考えられ、追い求められてきたものである。それが1967年の日本において、この危機に間にあわない。目の前に東シナ海や大村湾の青い海が広がっているのに、この海水を農業に利用する技術もない。

われわれにもう一つの問題があった。それはミカンの木がどれだけの乾燥に耐えられるかがわかっていないことである。元来雨が多い日本で、ミカンの木がどれだけ乾燥すると枯れるかなどという無意味な研究は行われていなかった。しかし今、この限界を知ることが大きくわれわれの前に突きつけられたのである。なぜこれが大切なのかを説明するために一つの応用問題を示そう。これはこの干ばつの間にわれわれが絶えず直面した切実な課題であった。

ここに、ある広さの地域を灌漑している一つの用水池があるとする。用水池にはこの地域をあと1回灌漑することができるだけの水が残っている。晴天が続いて、この先いつ雨が降るかわからない。このとき、この1回分の水をいつ使ったらよいだろうか。まだ木が元気なうちに早く使えば、効果は大きいだろうが、もしその後晴天が予想以上に長く続けば木は枯れてしまう。

155　12章　干ばつの年——1967年

一方、雨が降る時期がかなり遅れてもよいように、できるだけ水を使う時期を遅らせた場合、ある時点を過ぎれば潅水してやっても木は生き返らないかもしれない。そのうえ、用水池にある水は長く置けば置くほど、蒸発して減っていく。池の水があまり減りすぎない時期で、水をやったら木が回復できるギリギリのギリギリのところまで待って潅水し、次はいつかは降る雨を待つことが、考えうる最善の方策のようである。しかしこのギリギリの線がミカンの水分生理から見てどのあたりにあるか、またそれが他の環境条件によってどのように変わるかなどのことがほとんどわかっていなかった。どの産地でも長い議論が闘わされ、結局、確かな根拠もなしに運を天にまかせて決定された。一度雨が降れば解決する問題に、たくさんの人の多大の心労が注ぎ込まれた。その間もミカン園に乏しい水を運ぶ産地農家の人たちの作業は夜を日に次いで行われていた。しかしミカン園の乾燥は進んで、葉は巻き上がり、次々に落葉していった。

9月中・下旬になっても雨が降らないと、農家の人たちにはもう一種のあきらめの心情が生まれてきた。今年のミカンの収穫をあきらめてしまうと、問題は政治の次元になってきた。これほどの広範囲にわたる災害となると、こんなときのために用意されていた農業共済をはじめいろいろな救済手段がその機能を発揮するときがきたばかりではなく、そのうえに必ず政治的な力が動き出して農民の生活を助ける。現在はかつての江戸時代の飢饉(ききん)のように多くの餓死者を出したり、明治・大正時代の冷害のように娘を売り一家離散するといった悲惨な事態にはならない。この点については一応は安心することができる。いろいろとまだ問題はたくさんあるが、現在の社会が昔よりよくなったことは、この点だけを見ても確かであった。

しかし、今年の収穫はあきらめるにしても、ミカン園の木が全部枯れてしまっては大変である。乏しい水を求めて潅水の努力は続けられた。だが、この時期になると農家の関心は、むしろそれぞれの所属する農業団体

第1部　果樹農業の現場で　156

を通じて官庁、政治家を動かし、いかにして今年の生活の危機を乗り切るかに移ってきた。各県のなかにつくられた干害対策委員会は、地方農政局を突き上げて農林省に働きかけ、さらに政治家を動かして大蔵省（現在の財務省）に働きかけた。このようなときのためにかねて県内のミカン農家の団体が支持し、選挙の際には数万票をまとめて当選させてきた国会議員の働きが期待されるようになってきた。問題は農業技術の範囲をはるかに超えてしまったのである。

基盤となっている農民の層の違いから、ふだんは政治的抗争を繰り返している全農（全国農業協同組合連合会の略。主として米作農家を基盤とする）と日園連（日本園芸農業協同組合連合会の略。果樹蔬菜園芸農家の全国団体）も、この危機には一致協力して政府と国会に働きかけていた。各県でも、全農の単位団体である中央会（当時、県のレベルではまだ信連――県信用農業協同組合連合会で、各単位農協の金融面をまとめ、国レベルの上位組織である農林中央金庫につなぐ組織――と、経済連――県経済農業協同組合連合会で、農家の生産した農産物の集荷、販売と農家の生産・生活用資材の供給にあたる。国レベルの上位団体は全国販売農業協同組合連合会と全国購買農業協同組合連合会にまとめられる――が別々の組織であり、その協議体として中央会があった）（注24）と、日園連支部は日ごろのケンカも忘れて、力をあわせて県庁と県議会に働きかけた。当時の長崎県中央会会長は後に全農の会長となった真崎今一郎氏であった。彼は癇の強そうな小柄の老人だったが、政治力があった。これらの国と県レベルの政治運動は対策費と補助金の形でかなりの予算を引き出し、この困難な時期の農家の経済を支えた。

私は長崎県にきてから、いろいろな形で政治の具体的な動きを見る機会があったが、今度の場合も主として自民党の政治システムを通じて、農家の問題がどのようにして県や国の行政に反映し、対策が立てられていくのかを目にして、日本の政治の形と機能がよりよく理解できたように思った。そして都市中心のいわゆる進

157　12章　干ばつの年――1967年

歩的と言われる新聞などが書いていたように、無知な農民が古い習慣と思想に縛られて、日本の保守政治を支えているという見方が間違っていることを知った。少なくとも農家の人たちとその団体を支持する代わりに、それだけの働きを政治家に要求していた。こうして農作業に励む農民の努力は、ある時点で政治に転化するのである。

農業団体などの努力によって、今年の農家の生活の乗り切りにある程度の見通しがつき始めた10月の中旬、地域によって少しずつずれるが16〜17日にかけて、ようやく待望の雨が降り始めた。本当に雨が必要だった時期はもう過ぎていたが、やはり雨が降ったことは農家の人たちをはじめ関係者にほっとした安堵（あんど）の思いをさせた。そうするとこれまでのあんなに多くの人たちの必死の活動と心労が、何か馬鹿げた夢を見たように感じられてきた。雨が土地に吸い込まれて地面をぬらし、砂ぼこりをしずめて大地を固めていくと、数日後には乾き上がっていた草木は新芽を伸ばし、小さいままで固まっていたミカンの実はまた太り始めた。

しかし、ミカン園ではまた次の問題が起こっていた。大きくなり始めたミカンの果実は次々に皮が破れてはじけ、中の果肉がはみ出してきた。ミカンの果皮と果肉の成長時期のずれが新しい問題を引き起こしたのである。ふつう、温州ミカンは果皮が早く成長し、少し遅れて内部の果肉が成長する。初夏に雨が多すぎると皮だけがよく成長して内部の成長がそれについていけないために、皮がたるんだブヨブヨのミカンができる。この年はそれとは逆に皮だけの成長時期に水がなかったので、成長した果肉は小さい皮に納まりきれず次々にはじけてしまい、10月に降った雨は内部の果肉だけの成長を進めたので、今年の収穫を半ばあきらめていたのであるが、このミカンの裂果は干ばつの後遺症のなかでも目についた著しい例だった。

多くのミカン農家は、今年の収穫を半ばあきらめていたので、このミカンの裂果の被害はさして大きな問題とはならなかった。1967年の干ばつの被害は、西日本全域の農業に統計に現れただけでも682億円の損害を出した。間接

第1部　果樹農業の現場で　　158

的なものまで入れるとその損害は1千億円をはるかに超えるものと思われる。これが誘発したミカンの害虫の発生は、ミカンハダニ、ミカンナガタマムシなど、この年から翌年の秋にかけて西日本のミカン産業の大きな問題となったのである。

　私は果樹の病害虫防除技術者という立場で、ミカンの栽培管理技術の試験研究にかかわってきた。ふつう、大学の農学部や国の試験研究機関では作物の病気と害虫は別の部門になっており、それぞれの専門を守っている。しかし農業の現場では、この二つをあわせた病害虫防除の重要性を折にふれて主張してきたが、同時にこれにも絶対的なものではない。私は病害虫防除の重要性を折にふれて主張してきたが、同時にこれにも絶対的なものではないことを感じていた。それは広い意味での栽培技術の一部であり、栽培技術それ自体が基本的には農家の人たちの生活を支えるための農業経営の一要素にすぎない。その農業経営のなかで今、何が必要であるかによって、時と場合によっては病害虫防除も一時的には切り捨てなくてはならないこともあるだろう。それは決して農業団体や農林行政の当事者の無理解の結果ではないことがあると考える。

　今度の災害ではすべてが「水」の確保という一点に絞られて、その他のことは一時的には無視されたように見えた。しかしそれはやむを得ないものように、私には思われた。問題は個々の農家の経営をどのようにして維持し、家々の生活を安定させて、より豊かにしていくかであろう。農業技術のすべてはこれに収束する。それぞれの専門技術は大切なものであり、それらは多くの研究者、技術者の長い年月の努力によってでき上がってきたものである。しかし苦心を重ねてつくり上げてきたこれらの個々の技術も、この農業経営の基本からは離れることはできない。今度の干ばつのような非常事態は、この問題を鮮明に現したもののように思えた。

注24　現在ではJAと呼ばれている農協の団体の当時の全国および地方組織。

159　12章　干ばつの年──1967年

13章 海と豆——そばかす病の発見（1968年）

1968年（昭和43年）は災害続きの前年と比べて穏やかに過ぎていった。ところがその夏の終わりころから、思いがけないことが起こってきた。早生ミカンの実が大きくなってくると、その表面に見慣れない白い斑点がポッポッとついているという情報が、県下のあちこちから入ってきた。秋に入るとその斑点は白灰色さらに灰褐色になって、果実が橙色に着色するとともにいっそう目立ち始めた。鮮やかな橙色の早生温州ミカンの表面が、ひどいものでは半分以上もこの小さな斑点で覆われている。県下の産地でもこの症状がひどく出るところもあれば、全く出ないところもあって一定しなかったが、多発地では、ミカンが青果用としてははとんど売りものにならないくらいひどい状態になった。これは収量や味には全く影響がない果実の表面だけの症状だが、商品にはならないために農家の損害は大きい。

このような事件が起こった場合、私たちはその原因の解明と、さしあたっての対策を直ちに考えなくてはならない。しかし変色してしまった早生ミカンを元に戻すことは不可能なので、やむを得ずそれらを生食用ではなく、缶詰原料に回す一方、来年以降の発生を食い止めるために原因解明に全力をつくすこととなった。九州各県の七つの果樹・園芸試験場は絶えず連絡を取りあっていると、こちらから隣県の佐賀、熊本などへ問い合わせるし、先方からも電話がかかってくる（注25）。こうしたお

第1部　果樹農業の現場で　　160

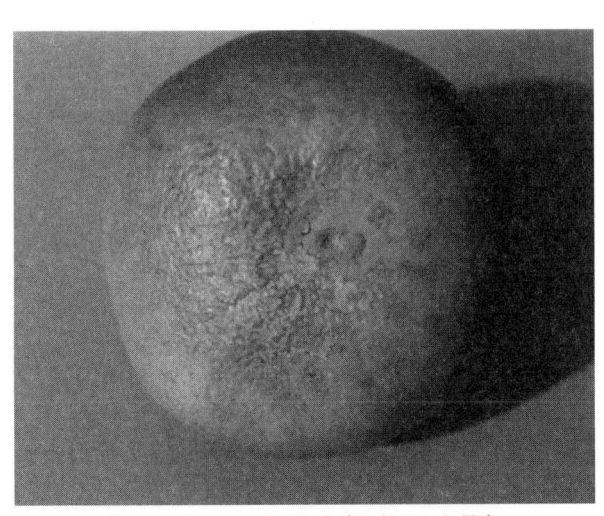

図45 ミカンのそばかす病に侵された果実

互いの連絡の結果、この症状は九州全部に発生していることがわかった。特に西九州の3県(長崎、熊本、佐賀)で激発していた。大量のミカンが青果としては販売できなくなり、安い缶詰原料に回された。それによる生産農家の収入減は、九州全体で約5億円と推定された。

こうして各県での発生状況は一応把握できたが、その原因はどの県でもわかっていない。

このような原因不明の症状が出た場合、私たちはまず三つの可能性を考える。一つはこれまで未知の新病害の発生であり、もう一つは農薬などの薬害であり、最後には気象災害あるいは近年増えてきた環境汚染物質の害である。その原因を突き止めるためにまず実施しなくてはならないのは、発生した園と発生していない園のそれぞれについて、環境条件や管理条件を調べて比較するいわゆる疫学的調査である。九州各県はそれぞれこの調査を行い、それらの結果を持ち寄って検討した。熊本県の天草の本渡(ほんど)において行われたこの第1回の検討会のことは今も記憶に残っている。

若い人の顔に出るそばかすに似たその症状から、仮に

13章 海と豆──そばかす病の発見(1968年)

そばかす症と名付けられたこの変色現象は、九州各県で発生していたが、特にひどいのは天草の島々、長崎県の西彼杵半島の外洋側、佐賀県と福岡県の玄海灘に面した産地、鹿児島の串木野、そして大分県の国東半島の一部などで、発生があまり目立たないのは宮崎県だけだった。

この斑点からは病原菌は検出されなかった。もちろん、ミカンの果実に病斑を残す病害で、菌が効果の肥大成長中に付着して少し表面を害しただけで増殖できずに消えてしまい、その感染の跡を残すものも多い。しかし、菌が検出できれば（他の原因で弱ったところにだけ感染する二次感染の場合を除く）、病害であることが確認されて、具体的な対策を立てることができるが、検出できなければ、病害をも含めて種々の可能性を検討し続けなければならない。

次に薬害（農薬が農作物に与えるさまざまな障害）の問題がある。

農業の現場に関係がない人には、薬害が農民や農業技術者にとっていかに切実な問題であるか、とうていわからないのではないかとも思われる。薬害はその現れ方が非常に多様であって予想しにくく、時には重大な障害を引き起こすために、その防止には病虫害以上の神経を使うものである。農薬の使用をやめれば薬害問題も一挙に解決するのだが、そのような割り切り方は、まだ農業に従事している者の苦痛がわかっていないのであろう。農薬の害は都会の人たちやいわゆる識者が声高にいう前に、農民自身が自らの健康障害や、作物に生じる薬害を通じて最もよく知っているのである。それでもなお、大多数の農民が農薬を使い続けていることの意味を考えてみなくてはならない。

そばかす症の症状が出たとき、農民も技術者もこれは何かの薬害ではないかとまず考えた。そうしてこの症状が発生したミカン園の、その年の防除実績、特に薬剤散布暦が数多く調べられた。また、その対照として、発生しなかった園の調査も行われた。特に殺菌剤である石灰ボルドー液、ダイホルタン、ジチアノン（商品名デラ

ン)、ジネブ(ダイセン)などの使用状況が検討された。当時すでに水銀剤は使用禁止になっていたが、その代わりに採用された農薬の使用が徐々に広がっていたので、それらの新しい薬剤のときには特に注意が向けられた。単に使ったか使わなかっただけでなく、何日ころ、どのような気象条件のときに使ったか、散布前、あるいは散布後の気象はどうであったか、殺虫剤と混用したか、混用した場合はどのような殺虫剤と混ぜたかなどの薬害発生時の基本的な調査事項は余すところなく調べられた。パソコンのなかった時代だから、この集計整理は、時には徹夜の手作業である。しかし、そのなかからも、そばかす症の発生した園にだけ特別に見いだされる条件はなかった。

気象災害、例えば台風や長雨あるいは西日本に多い黄砂の飛来など、または公害、例えば工場の排煙や、灌漑用水、薬剤散布のための用水の工場排出物や都市廃棄物による汚染などについても、そばかす症の発生と結びつくものはなかった。

この問題の困難さは、その発現地域の散らばり方にあった。特定の地方だけにまとまって出るのではなくて、各県のそれぞれ一部の地区に多発した。また、多発地区内でも全く発生しない園もあった。

こうして容疑者として挙げられた多くの原因は、次々にシロとなって消されていった。そうして結局、この症状が発生した園に関係のある現象として残ったものは、たった二つしかなかった。一つは、その園に立ってあたりを見回せばどこかに海が見えていることであり、もう一つは、園の中かその周りに必ず豆(主としてエンドウ、一部にはソラマメ)の畑があるか、あるいは収穫したあとの豆幹の堆積が見いだされることだった。なぜ、今年になって急にこのような症状が出てきたのだろう。海し、豆の栽培も以前からずっと行われてきた。関係者一同は顔を見合わせた。が見えることや豆があることが、いったいこの症状とどう関係するのかわからない。第一、海は昔からあったと豆、まさにクイズである。

いろいろなアイデアが出された。地図で見ればわかるように、発生地域はほとんどの場合、西側(南西もしくは北西)が海に面している。西からの潮風が海水の塩分あるいはその他の溶存化学成分を運んできて、何らかの作用を及ぼしたのではないかという意見もあった。豆の病原菌がミカンに伝染するという考え方もあったが、その菌がどうしても見つからないところから、菌ではなくて何らかの揮発性物質が豆から出てくるのではないかという「豆ガス説」まで出た。

年代をさかのぼっての聞き取り調査によれば、この症状は数年前から少しずつ発生していたらしい。はじめのうちは少なかったので無視されていたが、今年になってにわかに大発生したことがわかった。したがってその原因も以前から少しは存在していたらしい。

次の年から、九州各県の果樹試験場ではそれぞれのプランにそって調査研究を進めた。ある県では薬剤や気象との関係を追求し、また、ある県では豆から病原菌を検出するためにさまざまな工夫をこらした。原因解明の決め手となったのは、熊本県果樹試験場が天草において行った実験だった。この症状と豆との関係を見るために、ミカンの木の上に大きな棚をつくり、その上にエンドウの収穫後の豆幹を積み上げたのである。雨水は豆幹の間を通ってミカンの木に降りかかる。この実験で豆幹を通った雨水を受けたミカンの木に実った果実は、著しいそばかす症の症状を現した。こうして病原菌か水に溶け出した物質かは問題が残るが、そばかす症を起こす何かが、とにかく豆の枯れた茎葉から出ることがわかった。そこで各県とも問題を豆との関係に集中した。

その翌年、熊本県果樹試験場と佐賀県果樹試験場がほとんど同時に、この病原体を突き止めた。それは糸状菌としては異例に小さな胞子をもつエンドウ褐斑病菌という菌だった。小さすぎてふつうの糸状菌の検索にはかからなかったわけである。これは元来豆類、特にソラマメの病原菌であるが、ソラマメではあまり大きな害を

しないのでよく調べられてはいなかった。それがソラマメからエンドウに移ってエンドウで盛んに繁殖し（エンドウでは特に目立つ病変を生じない）、枯れた茎葉の中で多量の胞子をつくる。その胞子が風雨で飛び散ってミカンの効果を侵すのである。最初の疫学的調査の際に、各県ともエンドウ畑の近くでこの発生を認めていたことの疑問もこれで解けた。病原体が確かめられたので、これは原因不明の症状ではなく一つの病害と認められた。そばかす症はミカンのそばかす病となったのである（「―病」と「―症」の関係は第1章「ミカンの実を読む」に書いてある）。

それまでもミカン地帯にはエンドウが栽培されていた。しかし、そばかす病はほとんどなかったのはなぜだろうか。そこでこの研究の過程で明らかになったエンドウの作付体系の近年の変化を考えなくてはならない。

以前は、エンドウは豆を採るために栽培されることが多かった。しかし近年、野菜としてのサヤエンドウの需要が増えてきて、その出荷の季節も従来よりかなり広がってきた。

西南暖地の海浜は、その気候条件が促成のサヤエンドウの栽培に向いている。西九州の海に面した段々畑はこの促成サヤエンドウ栽培に利用されるようになった。そばかす病の発生が海と結びついたのはこのためだったらしい。

従来はソラマメが収穫され、その豆稈も処分されてしまったころにミカンの効果が大きくなり始めた。ソラマメの菌はその段階では絶え、あるいは少し遅くなってミカンに移るとしても、元来、商品作物ではないソラマメの栽培量は少ないので、病原菌の密度もごく低かったと思われる。そこへ促成のサヤエンドウが入ってきた。このエンドウの栽培期間は前のほうではソラマメと重なり、後のほうではミカンの効果期と重なる。特に果実の肥大が早い早生温州ミカンではその重なりが大きい。しかもサヤエンドウは商品作物として大量に栽培される。こうしてエンドウがソラマメの菌を受けとり、大量に増やしてミ

165　　13章　海と豆――そばかす病の発見（1968年）

カンに渡すという役割を果たすようになった。この関係がしだいに拡大して1968年のミカンのそばかす病の大発生になったものと思われる。

原因がわかれば対策もできる。それ以後、九州西南部ではミカンの集団産地と、サヤエンドウの集団産地を隔離する方針が立てられた。長崎県の試験場などの研究では、この菌は最大2キロの移動が見られた。それ以上離すと感染は起こらない。また、胞子を大量に出す豆幹の焼却処分も徹底して行われるようになった。その後、ミカンのそばかす病はごく少ない病害となって今に至っている。

そばかす病の原因解明と防除技術の確立は、九州7県の果樹病害虫関係者の共同研究の成果であった。はじめは全く五里霧中であった問題を、手探りをしながら解明していき、わずか3年で原因を明らかにし、対策を確立したことは誰か一人の功績ではなく、九州各県の試験場と農業改良普及所、病害虫防除所、農協指導部などの人たちが絶えず連絡を取りあい、調査研究成績を知らせあって、一体となってこの原因不明の症状の発生を防ぐために努力した結果であった。もちろん、この協力作業の中心となった熊本県果樹試験場の当時の病虫部長だった山本滋氏（その後同試験場長）の力は大きい。

このそばかす病とその発病経過の研究は、もし大学の農学部などで行われていたら、おそらく誰かの学位論文としても十分の質と量をもっていただろう。ほとんど学会にも発表されず、まとまった研究論文にもならずに完了したこの一連の研究は、その後の日本のミカン産業を数十億円の損害から救ったという点でも、実質的な成果は多くの科学技術論が無視しているが、日本の科学技術というものを支えている一つの基盤を示しているもののように思われる。

注25　当時はファックスも電子メールもなく、電話が最も速い連絡手段だった。その電話も各研究室にはなく、試験場全体

第1部　果樹農業の現場で　166

の事務室にあるだけで、もちろん携帯電話などもなく、広い試験場の畑で仕事をしている職員にかかってきた電話は事務室の大きなスピーカーで呼び出すのだった。

13章　海と豆 —— そばかす病の発見（1968年）

14章 がんしゅ病とビワの薬害

1968年（昭和43年）の夏に私たちの研究室は創設以来の最大のショックを受けた。それはビワ産地における大規模な薬害の発生である。私はこの薬害をめぐって、現在の農業技術とそれを取り巻く社会の動きを痛いほど実感することができた。

1960年代から私たちはミカンの病害虫と並行してビワの病害虫にも注意してきた。栽培面積は大きくないが、ビワは長崎県の特産物として茂木ビワの名は全国に知られており、これをなおざりにすることはできなかった。

私たちが県下のビワ産地に入ってまず問題としたのは根を侵す白もんぱ（紋羽）病の大きな被害だった。放置しておけば産地の存亡にかかわるこの病害の対策にかかりきって、発生状況の調査、防除対策試験、防除方針の決定ならびに実施と3年間は忙しく過ぎた。ひとまずこの病害の進行を抑えて安心したのは1966年である。私たちはここでビワ園の病害虫全体を見渡す余裕ができた。こうして茂木のビワ園を見直すと、あらためて注意を引いたのはがんしゅ病（癌腫病）の蔓延であった。

ビワのがんしゅ病は古くして新しい問題である。

この病気はミカンのかいよう病と同じく、植物の病気としては珍しく細菌によって起こる。若葉や新芽など

第1部 果樹農業の現場で　　168

を侵すこともあるが、それらの部分の発病はあまり大きな害にはならない。ところがこの菌がビワの樹幹や大きな枝の樹皮の割れ目から中に入って水や樹液を通している形成層を侵すと重大な病変を生じる。それは形成層の細胞を壊死させ、組織を崩壊させる。この病気にかかった部分は樹皮が割れて大きく盛り上がり、その下の形成層が壊死する。壊死した部分は木質部が剥き出しになってその周囲の形成層を内側に巻き込んでいく。この部分が動物の肉腫あるいは癌の肥大を思わせることから癌腫病という名がついた。この被害が幹や枝の一部に止まれば、木は弱るだけで枯れはしないが、樹皮に次々に菌の侵入口ができれば癌腫は広がり、ついには幹の周りを一周して樹液の流通を止めるため、大木のビワも枯死してしまう。

この病気は植物の病気としては珍しい細菌が原因であった大正末期から、早くから植物病理学者の注意をひいていた。日本の農作物の病原菌が細菌病がまだよくわかっていなかった大正末期から、主として東京大学農学部と農林省農事試験場で、この病害が細菌病であることが突き止められていた。これらの珍しい病害に関心の深い東京大学から、長崎県の農事試験場に送り込まれた植物病理の専門家は、これら中央の大学・研究機関と共同で、この菌がビワの新芽を枯らす芽枯病の病原菌と同じものであることを明らかにしたのをはじめ、次々にその成果を発表していた。日本の植物病理学界の権威を背景にしたこれらの研究によって、ビワのがんしゅ病のなかでも有名なものになった。そのために日本の植物病理学界では、がんしゅ病については何もかもよくわかっていて、問題はすべて解決していると思っている人が多かった。

私はビワ園の病害虫の調査を始めて、このがんしゅ病が相変わらずビワ栽培の重大な障害になっていることを知って、あらためて植物病理学の研究と植物病害虫防除とが別のものであることを実感した。植物病理学の研究は、病害の原因となっている病原菌を突き止めて、室内での培養技術を確立してその菌としての性質を明

169　14章　がんしゅ病とビワの薬害

らかにすればそれで一応完成するものらしい。しかしその菌が畑に生えている作物（あるいは作物群落）の中でどのようにして生存し、増えて広がり、作物の成育や生存にどのような影響を与え、さらにそれが栽培農家の経営にどのように影響するかは別の問題である。病害で大きな損害を出している畑の現場に立っていると、大学では研究室の恒温器の中でシャーレや試験管内の培地上に生えている菌の研究をすることが植物病理学であって、田畑の作物の細胞や組織の中で生きている菌の研究さえ生まれそうになる。実際、病原菌の培地上での性質さえ明らかになれば現場での防除は誰にでもできると誤解しているものが、特に大学の農学部に多いように思われた。植物の異常な状態の原因が全くわからないという邪推さえ生まれそうになる。実際、病原菌の培地上での性質さえ明らかになれば現場での防除は誰にでもできると

私はがんしゅ病の研究がよく進んでいるということは、この病害のうちの病原菌の性質の一面がわかっているにすぎず、現実に農家が必要としている別の一面はまだほとんどわかっていないことを強く感じた。

ただし、がんしゅ病では病原菌の性質さえ明らかにならなければあとは問題ではないという考え方にも一面の真実はあった。がんしゅ病は放置しておいても自然に治ることが多いからである。ビワの樹幹に傷がついてこの菌が入れば、しばらくの間は樹皮下の形成層に病変が広がり、組織の崩壊が起きて樹皮が盛り上がり、がんしゅ病の典型的な症状を示す。しかし病変の進行はまもなく止まり、その外側に治癒組織が形成されて傷口はふさがり、樹幹にみにくい変形部分を残しはするが、木が枯れることはない。これは植物の自衛作用と考えられた。

ところが茂木のビワ園でがんしゅ病の発生状況を見ていると、このように病気の拡大が止まる自然治癒の組織が生じかけてはまたその外側に新しい病変部ができて、病変部が次々に広がっていくものが多く認められた。それは、いったん形成されかかった治癒組織に食い込む虫があって、その虫の食い入った跡を伝って再び菌が

第1部　果樹農業の現場で　　170

ナシヒメシンクイガは、その名のとおりナシの害虫として知られている虫である。この蛾はナシの新芽に産卵し、幼虫は若い枝先から中に食い込んで枝枯れを生じさせる。ナシでは重要な害虫であるが、これがビワにもつくことはあまり知られていない。ビワについた場合には主として太い幹のがんしゅ病の病変部に産卵して、幼虫は形成されかけた治癒組織に食い込む。ビワとナシでは加害の仕方がかなり違うので、ナシにつく種とビワにつくものが同じ種かどうか疑問があるが、今のところよくわかっていない。

この虫はがんしゅ病の自然治癒を妨害するだけではなかった。がんしゅ病の対策としてこの時期に行われていた防除方法にとっても大きな障害になった。

ビワのがんしゅ病の防除技術は、長崎県農事試験場の環境部の吉岡氏らによって開発された。それは幹の病変部の削り落としとペーストマイシンの塗布である。菌が繁殖して病気が拡大しているがんしゅ病の病変部を、樹皮も形成層も十分によく削り取り、その周りの健全な形成層の露出した部分に軟膏状にしたストレプトマイシンを塗りつけて菌の侵入を防ぐ方法である。がんしゅ病菌が細菌であるために抗生物質を利用したもので、薬剤が高価ではあったが実験的には十分な効果があった。

ところが現地のビワ園では、この治療法を施したところへナシヒメシンクイガの幼虫が食い込み、薬剤を塗った面に孔を開けてせっかく殺菌し封じ込めたはずの菌の拡大を助けた。ストレプトマイシンは殺菌剤であって、ナシヒメシンクイガを防除する効果はない。結局がんしゅ病だけをいくら防除してもこの病害を抑えられず、ナシヒメシンクイガによる菌の拡大をどう防ぐかが問題になってきた。

ナシヒメシンクイガ自体は、ビワに対してはそれほど大きな害を引き起こさない。虫自体が大きくないうえに発生数もあまり多くないので、放置し分に食い込み形成層の一部を食うこの虫は、ビワの樹皮のささくれた部

ておいても実害は少ない。ただその食入痕がかんしゅ病菌の侵入口となるので、放置しておけないのである。そこでがんしゅ病対策の一部としてナシヒメシンクイガの防除が取り上げられた。

ナシヒメシンクイガの防除はそれまでも部分的に実施され、県の防除基準にも入れてあった。今、この虫の防除には農薬散布によってナシヒメシンクイガの防除が取り上げられた。農薬にはエンドリン乳剤が用いられた。

除を本格的に検討するにあたって、従来どおりにエンドリン散布をそのまま続けてよいものかどうか、私はためらった。その理由は、エンドリンが強い残留毒性をもつ有機塩素剤であったからである。

合成農薬、特に有機塩素系農薬の残留による環境汚染は、世界の環境問題の出発点となったとも言われるカーソンの『沈黙の春』で大きく取り上げられ、すでに大きな社会問題になっていた。BHC剤はその使用を大幅に制限され、全面的に使用禁止となるのは時間の問題と考えられていた。次いで、エンドリンを含めてドリン剤一般も使用制限、禁止の方向に進むものと思われた。ただし、それまでに日本の水田に使用されてきたBHC剤や除草剤のPCP剤は、水田の泥の中にすむ嫌気性細菌のクロストリジュウムなどによって分解され、その残留量は年々減少しつつあった。その点から見てもBHCよりはるかに強い毒性をもち、かつ畑地で使われるために分解されにくいと思われるエンドリンをそのまま使用することは、環境に対していっそう好ましくないと思われた。ナシヒメシンクイガの防除は毎年7〜8月に2〜3回の散布が予定されている。エンドリンの使用が禁止されるまで従来どおりの薬剤で防除を続ければ、年2回使われることから考えて、相当量のエンドリンか有害なその分解生成物がビワ園に残ることは明らかと思われた。残留毒性が高いエンドリンの影響、特に生物濃縮による野生生物への影響が今後長い年月にわたって生じることが心配された。私たちはかつてミカンでミカンナガタマムシの防除のためにエンドリンを使ったが、あれは一過性の大被害を防ぐための1年だけの応急措置として、やむを得ないものだった。

第1部 果樹農業の現場で 172

私はいろいろと考えた末、これからはエンドリンを使用しないこととする案をつくった。しかしヒメシンクイが引き起こす被害を放置するわけにはいかない。そうすると代わりの農薬がいる。ふつう、農薬の切り替えには1～2年の移行期間をおき、その間に新しく採用する予定の農薬の効果や薬害のテストをする。しかし残留性の高い有機塩素剤の土壌残留によって急速に問題が深刻化しつつある現在、エンドリンの他の薬剤への切り替えにはその時間的余裕がないように思われた。私はこれまでのいろいろな資料を調べて、九州全体の作物病害虫防除の方針をまとめた『九州病害虫防除指針』にビワのナシヒメシンクイガ防除の薬剤としてBHC、エンドリンのほかにバイジット、スミチオンなどの低毒性有機リン剤が挙げられてあるのを見つけた。これらは速やかにガス化して植物や地中にはあまり残らない性質をもっている。また、分解したあとも他の有毒な物質に転換する可能性は少ない（ただし、その後の研究によって発がん性などの問題が指摘されている）。ただ防除効果はやや下がることが予想された。また一般に有機リン剤はミカンやビワなどの常緑果樹に薬害が出にくいとされていた。

私は思い切ってエンドリンに替えてバイジットを長崎県のビワ防除基準に入れることにした。この原案は毎年の年末に行われる県の防除基準審議会と、果樹技術者連盟の検討会で承認された。ここで採用され、翌年の夏に散布されたバイジット乳剤がビワの大量落葉という薬害を引き起こすことは、そのときには予想できなかった。

１９６８年も私たちは相変わらず春早くからミカンの病害虫防除対策に忙しい毎日を送っていた。特に大干ばつの翌年にあたっていて、ミカン園が衰弱している可能性が高いことからミカンナガタマムシなどの特殊な害虫の発生を警戒していたが、幸いに５～６月は無事に過ぎていった。７月に入り蒸し暑い日が続いた。７月の２０日過ぎに、茂木のビワ産地からビワの葉がたくさん落ちていると

173　　14章　がんしゅ病とビワの薬害

いう連絡が入った。それは今年から使われるようになったバイジットを散布した園にかぎられていた。私はすぐに研究室でビワ病害虫を担当している森田昭君と一緒に茂木へいった。県庁の専門技術員となっていた平野氏や茂木農協など現地の技術員、農家の人たちと一緒に見回ると、確かに落葉がひどくビワ園の地面は大きなビワの葉に覆われ、木によっては7～8割の葉が落ちているのが認められた。直ちにバイジットの散布をストップし、被害の調査と原因の究明にかかった。

茂木は長崎市の南隣りにある。このニュースは直ちに長崎の新聞社やテレビ局に伝わり、ちょうど、他の記事が少なかったこともあって長崎の新聞、全国紙の地方版、テレビ局はいっせいにこのニュースを大きく取り上げた。

「米国製新農薬によるビワの落葉」（N新聞）は社会面のトップ記事になった。農薬公害については1960年代から社会的に関心が高まっていたから、これは大きな話題になり、毎日のように新聞、テレビはこのニュースを報道した。私は県庁でバイジット採用の経緯と薬害の現状を説明して回り、また、対策会議で善後策の相談をした。私は主に行政方面の対策にかけ回っていたので、あまり報道関係者とは接触する機会がなかったが、現地のビワ園で被害調査にあたっていた森田君は新聞、テレビに追い回された。大学を出て県職員になってから2年あまりで不慣れのうえに、佐賀の旧家の生まれでお坊ちゃん育ちだった森田君はすっかり憔悴してしまい、その姿をテレビで見た県内の果樹技術者の人たちは彼のことを心配して電話で様子を聞いてきたりした。

薬害とは作物に対する農薬の有害な副作用のことである。一般の人はしばしば人体に生じる農薬の障害のことを薬害と言うが、農薬による人間の健康障害と作物の薬害は現場でははっきり区別されている。薬害が出るかどうかは主に作物と薬剤の組み合わせで決まる。1940年以前の無機農薬、例えば石灰ボルドー液や機械油乳剤などはどんな作物にでも多少の薬害を生じたが、有機合成農薬になると薬害はある作物と農薬の特異的

第1部　果樹農業の現場で　174

反応の傾向が強くなった。また、一つずつの農薬では薬害が出なくても2種の農薬を混ぜると激しい薬害を生じることがあるため、病害虫防除の技術書には必ず混ぜ合わせてもよい農薬と、混ぜてはいけない農薬の組み合わせをまとめた大きな表——農薬混用適否表——が載せてある。特定の気象条件や特定の場所だけで起こる薬害もある。これらの薬害に関するノウハウは一般則としてまとめることはできず、個々の例で覚えていくほかはない。

はっきりと薬害の出ることがわかっている場合はまだよい。問題はふつうには薬害を出さないかごく軽い薬害しか生じない農薬が、ときたま大きな薬害を出す場合である。後から考えるとビワとバイジットの組み合わせはこれにあたっていたようである。これが九州防除指針に載せられていたのは、それまでに目立った薬害が出なかったからであろう。後で私たちの研究室で行った試験でも、この組み合わせは木によって目立った薬害を出した場合と薬害がほとんど目立たない場合があった。茂木でこの夏に著しい薬害が出たのは薬剤散布が気温と湿度の高い時期にあたったことと、地形的に見て農薬の気化したガスがビワ園内にこもりやすかったためではないかと後になって推定された。

このときの落葉はビワ成木園に主として発生した。50％以上の葉が落ちた園が約130ヘクタールに及んだ。この被害がはっきりしていくにつれて、バイジット使用を指導した県に対する新聞などの追求は激しくなった。私たちは責任を追求されている立場だったから沈黙していたが、その論議のなかには誤解に基づくものや納得のいかない追求も多かった。この薬害に関する記事は一部の全国版も含めて全国紙の地方欄、地方紙に載り続けた。先に挙げたN新聞の見出し「米国製新農薬」は完全な間違いだった。バイジットはドイツのバイエル社の製品であり、すでに国産に移されていた。長崎県ではビワに使ったのは初めてであったが、それまで10年以上にわたって水田ではかなり多量に使用され続けてきた。A新聞長崎版では、この防除基準への採用に関して、エン

175　14章　がんしゅ病とビワの薬害

ドリンが使用禁止になっていないのに先走って他の農薬に転換したことを非難した。有機リン剤と有機塩素剤の環境に及ぼす長期的影響の違いについては記者に説明してあったはずだが、1行も触れていなかった。A新聞はさらに長崎県の果樹栽培技術の指導体制を論じて、県下で使用する農薬に関する検討が、現地果樹技術者の自発的な集まりである果樹技術者連盟の委員会で、県の防除基準検討会に先立って行われたことを攻撃し、それをさらに一般化して果樹技術者連盟の総会で、県で行った試験研究の結果を県の農業試験場果樹部の職員が直接に発表していることをかなり厳しく批判した。

それは県の試験場で行った試験研究の成績を、県の公式の窓口（県庁の総務部広報課？）以外から勝手に外部に知らせるのはもってのほかという論調だった。いつも試験場をはじめ県の各部局に自由に取材にきている新聞社の意見としては、かなり矛盾しているように思われた。農家、農業技術者との自由な意見と情報の交流があってこそ、試験場の仕事が間違いなく進められ、成果が農民に生かされると考えている私たちには承服しかねる主張だった。私は新聞社が、見方によれば言論統制を勧めるような意見を、例え一般記事としても主張することに一種の恐れを感じた。同時に県下の果樹農家が、有機塩素の残留毒性を心配して農薬の切り替えを急ぐあまりに、ビワについて十分な経験のない人のつくった九州防除指針を信用して、一度も現地適用試験をせずにそのまま防除実施に移したのは大きな手落ちであった。もちろん果樹技術者連盟と県の防除基準検討会の審議を経ていたとは言っても、私が提案し説明すれば実質的にほとんど無条件で通ってしまうことはここ数年の経験からわかっていた。それだけの信頼を得ていた私の責任は大きかった。私はこの責任者として県から何かの処分があるものと推測した。

ただし私としては、深く反省していた。有機塩素の残留毒性を心配して農薬の切り替えを急ぐあまりに、ビワについて十分な経験のない人のつくった九州防除指針を信用して、一度も現地適用試験をせずにそのまま防除実施に移したのは大きな手落ちであった。もちろん果樹技術者連盟と県の防除基準検討会の審議を経ていたとは言っても、私が提案し説明すれば実質的にほとんど無条件で通ってしまうことはここ数年の経験からわかっていた。それだけの信頼を得ていた私の責任は大きかった。私はこの責任者として県から何かの処分があるものと推測した。

のと覚悟した。県の農林部長もそれを予告していた。試験場の村松果樹部長は自分が責任をとると言ったが、私自身はこれまで数年間にわたってミカン、ビワの病害虫防除指導についてかなりの成果を上げ、大きな失敗がなかったので、今回はいくらか気の緩みがあったのではなかったかと自省した。

県ではとりあえずビワ園の被害の回復に努めた。薬害がはっきりした2日後には、落葉した園には厚く敷きわらをして根を保護し、潅水（かんすい）と枝の切り詰めによって水分の損失を防いで樹勢を維持する方針を決めた。農業改良普及所と病害虫防除所に指令が流され、特に防除所の坂田寿さんと板山俊夫さんの活動で、主に北高来郡の水田地帯から二昼夜のうちに200トン以上の稲わらを集めて茂木のビワ園に送り込んだ。これは関係者の予想をはるかに上回るすばやい処置であり、これが被害農家の感情を和らげるうえに絶大の効果をもった。次いで新聞の県批判と責任追求の論調に被害農家がほとんど同調しなかったのはこのことが大きく働いている。県の特別の予算措置によって、9月に入って雨が降り出すと一部の枝では季節はずれの新芽を出し始め、やや小さい葉を伸ばして樹勢回復のための肥料代の補助が決まった。ビワの樹勢回復のための肥料代の補助が決まった。翌年春には、例年より多めの葉が伸びて被害園は周囲の無被害園と見分けにくくなった。果実の収穫は少なかったが、木としてはほぼ回復したものと認められた。

この問題で私は3か月くらいの減給を覚悟していたが、処分されたものは結局1人もなかった。この事件についてのニュースは各県の果樹産地に伝わり、私たちのことを心配して下さった人も多かった。この事件について、私たちが無事にすんだのは私たちを信頼して下さった茂木のビワ農家をはじめ県下の果樹農家の暗黙の支持と、すばやい対策を立てて努力された県の農業・植物防疫関係者のおかげであり、そのことを私は今も深く感謝している。同時に農業技術指導のもつ思いがけない落とし穴には、どのようなときも気を緩めてはならないことを、いる。

177　14章　がんしゅ病とビワの薬害

身にしみて感じている。

この薬害さわぎで影が薄くなってしまった肝心のがんしゅ病とナシヒメシンクイガについては、その後の対策はいくらか遅れたが、被害部分の削り取りと、全体としての病害虫に対する注意の徹底によってしだいに減少した。

1988年（昭和63年）の初冬、私は18年ぶりに茂木のビワ産地を訪れた。日本の農業はこの間に著しい変化をとげ、果樹産地の形も大きく変わっていたが、ここのビワ園は今も全国に知られたビワを生産し続けていた。改植された園ではよく育った若木が目立ち、この歴史的な産地は若返り始めていた。がんしゅ病の痕跡を残した木はほとんど見かけなかった。この産地を立て直し維持し続けてきた生産農家の20年間の努力がしのばれた。平野さんはこの地区をも担当する長崎農業改良普及所長として技術指導の現場におられた。農業技術者としての第一歩にあの大きなショックを受けた森田昭君はずっと試験場でビワ病害の研究を続けて、1987年にはビワのがんしゅ病の研究で農学博士の学位を得ていた。あの苦しかった経験を乗り越えて彼が技術者としても研究者としても成長したことは、私にとっても何にも勝る喜びだった。

第1部　果樹農業の現場で　178

15章 農薬を減らすために

私は大学院在学中の1950年代中ごろに、害虫の天敵となる寄生蜂の研究から病害虫防除の分野に関心をもつようになった。天敵による害虫防除は農薬と対立することが多い。農薬については当時から大きな社会的批判があった。私は学生時代から天敵によって農薬使用をなくすことができるだろうと考えていた。

さらに私は1960年（昭和35年）に農業試験場に赴任して農業の現場へ入った。その現場で高価な合成農薬を使わなくてはならないことが農業経営を圧迫しているのを知り、またしばしば生じる農作物の薬害が、病虫害にも劣らない大きな損害を農業経営に与えていることを知った。農薬による健康被害や環境汚染も社会的に問題となり始めていた。こうして農薬の害が社会に大きく取り上げられて、天敵利用を積極的に推し進めるにはよい条件がそろっていた。さらに天敵の研究を進めその実用的価値を強く主張することは、農業技術の世界における私の個人的立場を有利にすることはあっても、不利にはしないことをいろいろな事情から推測できた。

こうして積極的に農薬を批判できる条件がそろうと、私はかえって用心深くなった。それは私自身のなかの問題だった。私はそれまで農薬使用に反対する立場ばかりを選ぶことができたので、知らず知らずのうちに、農薬に対して悪い偏見をもつようになっているのではないか、ということだった。私はそのとき長崎県の果樹病害

虫の防除方針に大きな影響を与えることができる立場にあった。私がもし農薬に偏見をもっていればそれは私一人の間違いに止まらず、県下3万戸のミカン、ビワ栽培農家にも損害を与えることになるおそれがある。私は農薬の廃絶を強く主張する前に、農薬自体をよりよく知っておかなければならないと感じた。また私は、農家の人たちや現場の技術者に今、目の前で大きな被害を出している病害虫をどうしたらよいかと問われた場合には、やはりよく効く農薬の名前とその使い方を教えるほかに方法はないと思っていた。天敵の利用は個々の農家の今年の生活を支えようという切実な望みとは別の次元の問題と思えた。

私は農薬が病害虫を駆除する力は大きいけれども、人の健康に害があり、さらに広く環境を汚すから使わないで、病虫害による収入の減少を我慢しなさいとは言えないことを、痛切に感じていた。農民の人たち自体が農薬の害を自分の健康の不調や皮膚障害――いわゆる「薬かぶれ」――あるいは作物の薬害を通じてよく知っていて、そのうえでなお農薬を使おうとしているのだ。農薬を使わなくてはならない以上、農薬にしていくためにも、農薬そのものに正面から取り組んでその性質を知り、最終的には農薬を使わないでもよい農業にしていくためにも、農薬そのものに正面から取り組んでその性質を知り、それが農業とわれわれの環境にとってどこがよくてどこが悪いかを具体的につかむことが第一であると考えた。まず積極的に農薬を使う現場に立ち、できるかぎり農薬と付き合ってみよう。私はここへ赴任する前に勤めていた衛生研究所で行ったネズミ駆除の仕事を思い出した。ネズミ駆除をする地区の家々を一軒ずつ回って毒餌を置かせてもらうのは困難な仕事だった。使ったのは比較的安全なクマリン剤であったが、毒薬と聞いて心配する家も多かった。この薬剤は多量に食べても一定時間内に腸から吸収される量は決まっている。毎日一定量が吸収されて3～4日たってはじめて致死効果を表す。私は心配する人たちの前でこの毒剤を食べて見せた。の殺鼠剤には純粋のクマリン――ワルファリン原体――だけが含まれているとはかぎらないから、このような人体

第1部　果樹農業の現場で　　180

実験は確かな薬剤でないと危険で、私はその点では注意していた）。農薬や殺鼠剤の毒性は十分に警戒しなくてはならないが、ただ恐れるだけでは問題は解決しないと、私は衛生研究所にいたころから考えていた。

私のような立場にいると、農薬に関する情報はよく入ってきた。県内でミカン病害虫に関して現地で使い方を指導する農薬は20〜30種類、今後の実用化を考えて効果や薬害の試験をするものは、多い年には60種類を超えた。県の防除基準や防除暦をつくるための現地試験は毎年4〜6か所で行っていた。農薬に関する会議は全国的なものから県内のものまであわせて、年に20回以上あった。職務としてこうした仕事をしていると、いつの間にか農薬について膨大な知識が蓄積されてくる。この農薬に関する情報の洪水の中にいると、一般の社会で農薬に対して抱かれているような不安が、しだいに薄れていく気がした。病害虫防除の技術者は職務に熱心であればあるほど、より多くの農薬を使用する方向に進むのは無理もない。私は自分の仕事に集中しながら、ときどきそれから距離をおいて見ることに努めていた。

一方、農薬というものはどんなによく効く薬剤でも、使い方を誤ると効果がほとんどなくなることを、私は現場の経験として知った。例えば強い風で散布液が吹き散らされたり（あまり強風の場合は散布を中止するが）、散布直後に激しい雨が降ると防除効果はほとんどなくなった。農薬による病害虫防除の効果は、実験室で明らかになった害虫の致死率や殺菌効果によってではなく、その使い方に左右されることを体験した。それで農薬が現場においてどのように使われているかに特に注意を向けるようになった。

集団化が進む当時の農業では、個々の農家が自由に農薬を選んで使用することはほとんどないと言ってよかった。特に栽培面積が大きく1本ずつの木に多量の薬がかかるミカンの場合、農薬はすぐに必要な製品が必要な量だけ買えるものではない。農協をはじめ大きな農薬取扱業者は、産地の年間の農薬使用の計画をよく知って、必要な種類の農薬を必要な量だけ、時期を見計らって仕入れる。その基礎となるのが各地の防除暦である。そ

れによって年間の薬剤の種類、散布回数、時期が決められる。ミカン産地では防除暦を個々の農家がつくることは少ない。ふつうは集団産地あるいは市町村の段階でつくられる。その基礎になるのは県でつくった防除基準であり、また、それに基づいてつくられた基準防除暦である。これは一つの目安であって何の強制力もないが、実際には県全体の病害虫防除方式、特に農薬の選び方を大きく規制する。私は赴任してから2、3年のうちに県のミカン防除基準と基準防除暦作成の事実上の中心になった。これは考えようによっては恐ろしい権力だった。私はこの防除暦の決定権をめぐって県の開拓農協の組織と衝突をしたこともある。それは県の開拓農協がその全国組織の中央の指示に従って、ミカンの防除暦のなかにBHC剤を入れたからだった。私はこの防除基準の決定権をめぐって県の農業、園芸関係の組織で使用廃止を決めていた。BHC剤は残留毒性の問題から、その前年に県の農業、園芸関係の組織で使用廃止を決めていた。私は環境汚染の点から考えて国がBHCの使用禁止をするよりも先にBHCの使用廃止を県の病害虫防除指導方針検討会で提案し、果樹園でのBHCの使用をやめると同時に、その流通の自粛を一般農協と園芸農薬関係者に承認してもらっていた。経営の苦しい農家の多い開拓農協が安価なBHCを使いたい事情はよくわかるが、環境汚染は県全体の問題であり、ここからBHCが流れ出すことは許せないと思った。しかし、法律的な裏づけのない県の防除基準では、BHCの使用を強行するものを規制できなかった（注26）。

　私はまたこの県の防除基準決定への影響力を利用して、長崎県下におけるミカン園のヘリコプター防除を実施させなかった。九州各県のうちでミカン園にヘリ防除を実施していないのは当時長崎県だけだった。私はヘリ散布の場合、農薬の飛散がふつうの地上散布に比べてはるかに広い範囲の環境汚染を引き起こすことを考えて、これを実施しようとする動きに反対し続けた。

　農薬の使用を柱とするミカンの病害虫防除を進めながら、私は農薬の使用が農家の人たちの健康と自然環境

図46 ミカン園におけるヘリコプターによる農薬散布（熊本県玉名町）

にとって好ましくないことを確信していた。また現在の病害虫防除のなかでどうしても農薬を使わなければならないことがあると認めながら、同時に実際の農薬の使用状況が、必要な限界をかなり超えていると感じないではいられなかった。そうしてその一番大きな原因が防除暦であり、その防除暦をつくるうえでの思想――想定される主な病害虫の発生をすべて予防しようという――にあることがしだいにわかってきた。

防除暦は、病害虫の発生がかなり多い場合でも作物に被害が出ないこと（正確に言えば害虫や病害の発生が目標につくられたていない。しかし、ふつうのミカン園では、病害虫の密度はかなり低くなっており、基準防除暦に載せられている防除がすべて必要とは思われない。しかしまた、年によっては天候などの関係で病害虫、特に病気やハダニの発生が多く、防除暦に挙げられている以上の防除が必要なこともある。毎年の防除計画とそのための農

薬の種類、使用量、時期が決まっていることは、農薬の生産と流通の安定化、計画化を望む農薬工業と農薬流通関係者の利益とも一致するので、この方式が広く定着したのであろう。もし農薬が病害虫を駆除するだけで、人の健康や他の生物あるいは自然環境一般と無関係ならば、これも一つの方向かもしれない。私は農薬の使用を減らすためには、個々の農薬について問題を別として、農家の無駄な出費を指摘して、これを現在のように病害虫密度の低いミカン園、この年間の防除暦のシステムそのものを問題にして、これを現在のように病害虫密度の低い、特に病害の発生しやすい長雨や台風の多くない年には、経営的にも有利であることを実験的に確認しようとした。

私の計画した、一つのミカン園全体の1年間の病害虫発生に対する1年間の農薬散布の全体としての効果と、経済的損害を出さずにその散布をどのくらい減らせるか、という試験は１９６６年（昭和41年）に始まった。私は１年だけではそれまでの病害虫防除の影響や、その年の天候などの関係もあって確かな結果は出ないと思い、はじめから３年計画で行うこととした。この試験は病害虫防除だけではなく生産農家の経営の問題もからんでくるので、ミカン産地の農業改良普及所・病害虫防除所・市町村・農協の技術者グループと試験場の共同研究として行った。

狭い面積のミカン園では周辺の農地で散布する農薬の影響や、周囲からの病害虫の伝播のために結果が乱れるおそれがある。試験はかなり広い面積のミカン園で行わなくてはならない。広いミカン園をこのような、場合によっては病害虫が多発して大きな損害を出すおそれのある試験に３年間も使わせてくれる農家があるかどうかと、私は心配だった。しかし、この試験に関心をもち、協力してくれることとなった諫早市果樹技術者協議会のおかげで、諫早市の目代にあるミカン産地の野口さんがご自分の園を使わせてくれることとなった。諫早の

第1部　果樹農業の現場で　　184

病害虫防除所の坂田さんは有能な技術者であり、この実験を進める大きな力となってくれた。農業改良普及所の中村さん、諫早市役所で園芸を担当していた松瀬さんたちもこの仕事に全面的に協力してくれた。

この試験自体は地味で根気のいる仕事だった。広いミカン園を防風垣で仕切られた6つの区画に分け、2区画ずつを1組の3試験区として、各試験区についてあらかじめ決めた防除暦に従って1年間防除していく。防除暦は県の基準防除暦をほぼ完全に適用したもの、そのなかからその園の病害虫の発生状態からみて不必要と思われる若干の防除を省略しあるいは価格の安い農薬に替えたもの、さらにその園の実として不必要と思われるごく少数の農薬散布だけをするものの三つとした。

この園には園主の野口さん一家の生活がかかっている。実験に使わせていただくための借り上げの予算はない。この試験のために病害虫が発生して損害を受けても、補償することはできない。それで最初の年はあまり思い切って防除を減らすことはできなかった。ある程度の見通しのついた2年目からは、かなり大幅に防除を削り、基準防除暦の3分の1まで減らした実験区をつくった。

諫早市郊外の開けた台地上にはムギやイモの畑が広がっていた。試験園のミカンの木は若くて私たちの背丈より少し高いくらい、木の間隔は開いていて防除や調査の作業は楽だった。先進のミカン産地の果樹農家とは違って、ミカンをつくるようになっても主産地の果樹農家とは違ったタイプの農家が多かった。ここには定置配管式の散布施設はなく、小型の動力噴霧器か、当時としても古くなったハンドブラザー（大型の水鉄砲か清酒のような手押し噴霧器）が用いられた。仕事が終わって一杯やるときにも、先進のミカン産地ではビールか清酒だったが、ここでは密造のドブロクが出された。

防除作業は園主の野口さんと諫早の果樹技術協議会のメンバーが行い、私たちは毎年、秋の収穫期に各試験区の果実を調べて、病害虫その他の被害の状態を記録した。

185　15章　農薬を減らすために

表1 1966年(昭和41年)の防除暦(諫早市目代)

散布月日	A区	B区	C区
3. 18	ダイホルタン エラジトン	クロン加用石灰硫黄合剤	ダイホルタン エラジトン
4. 5-6	ダイホルタン	ジクロン・チウラム	
5. 14	BHC	BHC	BHC
5. 2	6-6石灰ボルドー		
6. 6	銅水銀剤	銅水銀剤	銅水銀剤
6. 18	ジメトエート	ジメトエート	
7. 13	アカール	アカール	
8. 1			ケルセン
9. 7	デルナップ	ケルセン	
10. 29	水和硫黄	石灰硫黄合剤	石灰硫黄合剤
12. 29		機械油乳剤	機械油乳剤

A区：基準防除暦、B区：防除薬剤費を減らしたもの、C区：最低必要な防除だけ(以下凡例は表5まで同様)

表2 1967年(昭和42年)の防除暦(諫早市目代)

散布月日	A区	B区	C区
4. 14	ダイホルタン	ダイホルタン	ダイホルタン
5. 9	デナポン	デナポン	デナポン
5. 28	デラン		
6. 15	デラン	デラン	
6. 22	ジメトエート		
7. 7	ダイセン	アカール	
8. 3	フッソール		
8. 25	ケルセン	ケルセン	ケルセン
10. (中旬)		石灰硫黄合剤	
11. (上旬)	石灰硫黄合剤		
12. 26	機械油乳剤		機械油乳剤

表3　1968年（昭和43年）の防除暦（諫早市目代）

散布月日	A区	B区	C区
4. 2	ダイホルタン	ダイホルタン	ダイホルタン
5.（上旬）	デナポン	デナポン	デナポン
6. 1	デラン		
6. 17	デラン	デラン	
6. 26	ジメトエート		
7. 17	ダイセン		
8. 25	フッソール		
9. 4	ケルセン	ケルセン	ケルセン
10. 29		石灰硫黄合剤	
11. 12	石灰硫黄合剤		
12. 24	機械油乳剤		機械油乳剤

　病害虫の発生は三つの防除区で目立った違いは生じなかった。果実についても、農薬を減らしたことによる損害の増加は認められなかった。病虫害、薬害、風ずれのような気象災害を合わせた被害果実が収穫全体の中で占める割合は、基準防除区で約71％（1966年）、63％（67年）、43％（68年）であったのに、防除回数を約3分の1に減らした減農薬区では、54％、45％、45％と、かえって少なかった。これは減農薬区では薬害などの発生が少なかったのと、基準防除区が風当たりの強い所にあって、風ずれやそうか病の発生が多かったためと思われる。ミカンの収穫量は各区の広さや、樹齢の違った木が混じって比較しにくいために調べなかったが、減農薬区で特に少ないことはなかった。

　3年間の試験で、私たちは病虫害が多くないふつうのミカン園では現在の3分の1程度の農薬散布でやっていけるだろうという見通しを立てた。農薬を減らしても果実の販売収入は変わらず、防除の労力と費用が大幅に減ることを実証した。農薬代は10アール当たり基準防除区では6千933円（1966年）、8千604円（67年）、9千380円（68年）に対して、減農薬区ではそれぞれ4千263円、2千691円、3千463円となった。さらに防除器具の損耗、防除労力などを入れると、かなり節約になることは明らか

187　15章　農薬を減らすために

図47 農薬散布試験。古いタイプの手押し噴霧器を使っている

であった。

しかしこれだけで、私は現在のミカンの農薬散布を大幅に減らしてもよいと断言することを控えた。病害虫の発生、被害の出方は時期により、また産地や園の状態によって違ってくる。たった一つの成功例をすぐに全体におし広げることは危険である。いわゆる篤農技術が多くの優れた点をもちながら必ずしも普及しないのは、個々の畑の違いを無視しやすい点にある。農薬使用全体の削減といった大きな問題では、条件を変えた実験がさらに必要だろう。私は実験地を変えていま一つ実験に取り組むこととした。

次の試験地は県内でも伊木力と並ぶ先進のミカン産地の長与であった。ここで減農薬防除暦が成功すれば、その説得力と波及効果は大きいと考えられた。一方ここは広い集団産地の中にあり、古い産地で樹齢も

第1部　果樹農業の現場で　188

高いために病害虫の密度も高い。もし失敗すれば大きな損害を出し、減農薬の運動には逆効果になることも考えられた。

ここではミカンを主体とする長与農協駐在の県園芸農協連合会の技術員である川口君が中心になり、果樹研究会の若い人たちが試験を進めてくれた。前年まで試験場の果樹部病害虫科にいた長崎病害虫防除所の西野君が私たちに協力した。試験はこの産地の中央の岡郷にある山本さんの園で、諫早の試験がすんだ次の年の1969年に始まり、70年も継続した。71年には私が転任したために最後まで結果を見届けることができなかった。この試験のねらいは、県のミカン生産の中心になっている代表的なミカン園で、1年に4～5回の農薬散布でやっていけるかどうかを確かめることであった。

この試験は諫早とはかなり違った環境のもとで行われた。実験園は樹齢40年前後の成木園である。山の急な斜面に密生する高いミカンの木の間に分け入ると、慣れた人でも道に迷いそうになった。農薬散布の作業は難しく、梢が一続きになったミカン園はかなりの散布むらを生じた。病害虫の発生状態を調べ、収穫期には果実の調査をする私たちは、諫早のときに比べて何倍もの労力をかけて作業を続けた。ただし、私自身はこのころ、宇久島のかいよう病無病産地づくりの仕事や、水の少ない県北地域での水を使わない粉剤利用の研究に忙しく、この長与の調査は西野君を中心に現地と研究室の人たちによって進められた。

長与の減農薬防除試験は、はじめの目的からすると苦しい結果となった。ここでは防除回数を減らすと、それは病害虫の発生状態に影響した。

諫早の試験地と同じように被害果の比率を見ると、基準防除区では約74％（1969年）、35・5％（70年）に対して、減農薬区では84％、62％と目立って高くなった。1969年は薬剤散布と直接関係のない風ず

表4 1969年（昭和44年）の防除暦（長与町岡郷）

散布月日	A区	B区	C区
4.23	ダイホルタン モレスタン	ダイホルタン モレスタン	ダイホルタン モレスタン
5.17	デナポン	デナポン	
5.26	ダイホルタン アゾマイト	ダイホルタン アゾマイト	ダイホルタン アゾマイト
6.24	ペスタン	ペスタン	
7.2	ダイセン	ダイセン	ダイセン
9.1	ペスタン ダイセン		
9.2	ケルセン	ケルセン	ケルセン
10.5	石灰硫黄合剤 ケルセン		
11.15	石灰硫黄合剤	石灰硫黄合剤	石灰硫黄合剤

表5 1970年（昭和45年）の防除暦（長与町岡郷）

散布月日	A区	B区	C区
4.26	ダイホルタン	ダイホルタン	ダイホルタン
5.21	デナポン		
5.26	ダイホルタン		
7.2	ビニフェート ダイセン		
7.25	ダイセン アゾマイト	ダイセン アゾマイト	ダイセン
8.25	ペスタン ダイセン		
11.5	石灰硫黄合剤 ケルセン	石灰硫黄合剤 ケルセン	石灰硫黄合剤 ケルセン
11.13	石灰硫黄合剤	石灰硫黄合剤	石灰硫黄合剤

れによる傷害が多くて防除の影響ははっきりしないところがあるが、70年の結果では散布回数を減らした所は明らかに病虫害が多かった。

ここではまず問題になるのは黒点病であった。その主な原因は黒点病であり、またカイガラムシ類とコナジラミ類の発生も多かった。防除暦のなかのジネブ剤がこれを防ぐのだが、ジネブ剤は効果が長持ちしない。そのため散布回数が減って果実が薬剤に守られる期間が短くなると、てきめんに黒点病の感染が増えた。

黒点病は生きたミカンの組織の中では胞子をつくれない。感染のもとになるのは死んだ組織（枯枝）にかぎられる。園内の枯枝を切り取って焼き捨てればよいことは誰にでもわかる。農薬を使わない防除法が最も適用しやすい病気である。それにもかかわらずこの病気が農薬散布を減らすうえで最も大きな障害になるのは、農村の労力不足と切り離しては考えられない。農家の立場からすれば、枯枝の除去よりも農薬散布のほうがやりやすかった。このようなミカン栽培の現状では、年4回散布で病害虫を抑えようとするのは無理があると思われた。

長与の2年間の試験は、現在の防除暦の農薬散布回数を減らしにくい一面を明らかにした。病害虫の多い所では、特に雨の多い年などは現在の基準防除暦でも不足であって、果実の半分以上の被害を免れない。私は長与と諫早の試験結果を見比べて、農薬を減らす問題の難しさをあらためて感じた。しかし5年間にわたる研究を通じて、現在のミカン園で年5～6回の農薬散布で病害虫を抑えることは可能であろうという見通しを立てることができた。

1970年代には年間の農薬散布回数を減らす研究が、各県のミカン産地で相次いで行われた。その結果は農薬散布を減らしても病害虫が増えない場合と、病害虫の被害が増える場合があることは、私たちの試験結果と似ている。その結果確かめられた年間必要な散布回数も、大体私の立てた見通しと似ている。

私はこうして県の基準防除暦を少しずつ農薬散布回数の少ないものに変えていった。それは、1961年の12回から、70年の9回散布まで引き下げることができた。減農薬の試験――ここで述べた現地試験のほかに、試験場での多くの研究がある――から、年6回までは減らすことができそうに思えた。しかし一気に無農薬栽培にすることは一部の篤志家以外には無理だろう。私は農薬散布回数を半分にすることを、当面の目標としていた。それはどうやら可能と思われるところまできた。この方針を立てて試験を始めてから、すでに6年以上の年月がかかっていた。しかし病害虫の発生密度を減らすという角度から農薬使用の削減をこれ以上進めるのは難しそうだった。私はさらに病害虫の密度とその引き起こす実際の経済的被害との関係を解明して、ある程度の病害虫がいても防除する必要がないことを明らかにして農薬散布を減らすことを考えた。そのためには被害解析の研究、つまり農業における病虫害とは何かという根本問題を追求する研究を進める必要がある。これはさらに困難で長い年月のかかる研究であった。

注26　これらの農業生産者団体の組織は現在では大きく変わっている。

第1部　果樹農業の現場で　　192

第2部 「病虫害とは何か」を考えながら

16章 害虫と虫害 ——ヤノネカイガラムシとミカンハダニの被害とは

長崎県にきてから3〜4年間は、新しい経験を積んでいくうちにあっという間に過ぎた。そのなかで私は新設の果樹病害虫研究室が何をすべきかをしだいに理解して、県の果樹産地の当面の必要に応じた問題に対応してきた。

私たちは当面のいろいろな問題、ミカンナガタマムシの大発生、ビワやミカンのもんぱ病の深刻な被害、新たに長崎県に侵入したアカマルカイガラムシ（注27）などと次々に起こってくる新しい病害虫問題の対策を進めると同時に、毎年のミカン病害虫の発生状況の把握と予測、数年ごとに行う県の果樹病害虫の防除基準の改訂、新たに採用する農薬の効果試験や現地適用試験などを行ってきた。さらに毎年の防除暦改訂の資料として、1965年からは県下各地のミカンハダニの各種農薬に対する抵抗性がどのように変化していくかを追跡してきた。また、国から委託されているミカントゲコナジラミの天敵シルベストリーコバチの増殖配付事業についても、いつでも配付の要請に応じられるようにしてきた。私は本当の病害虫防除の現場に入ってしだいにわかってきたのは、病害虫防除とはどんなことかと考え続けていた。しかしこれらの仕事をしながらも、これだけが果樹の病害虫防除ではないという気がしていた。

病害虫防除を含めて農業技術の本当の目的は、健全な作物を育てて品質がよい、病害虫防除の現場に入ってしだいにわかってきたのは、病害虫防除とは病気や害虫がいない畑をつくるのが目的ではないということだった。

図48 アカマルカイガラムシが多数寄生したミカンの果実

い収穫物をたくさんつくり出すことだった。農業経営の立場から言えば、このうえに「市場で高く売れる収穫物」と付け加えなくてはならない場合もあるだろう。

私がこの簡単な原理を本当に理解するようになったのは、ちょうど病害虫防除のための農薬散布を減らそうとする試みが、限界にさしかかったときだった。限界というのは、病害虫の発生密度を低く抑えたままで、年間の農薬散布回数を7～9回以下には減らすことができないということだった。それ以上に農薬の散布回数を減らすと、病気や害虫の発生が増える。しかし園の中に害虫や病斑がいくらか目につくようになっても、収穫する果実の収量や品質は必ずしも低下しないこと、さらに農家の実際の収益も低下しないことも実感としてわかってきた。一方、害虫や病気を減らすために農薬散布を増やせば、防除経費（農薬代、防除器具・機械の燃料費・メンテナンスの経費など）や防除労力は確実に増加していく。同時にミカン園とその周辺にすむ一般の昆虫は確実に減っていく。たぶん、昆虫以外の野生動植物、微生物も減って、自然環境の劣化が進んでいるのだろう。

果樹農業の本来の目的は病気や害虫が全く出ない果樹園をつくることではなくて、品質のよい農産物をなるべく多く生産することである。さらにその目的を達成するためにはどれだけ経費や労力がかかってもよいのではなく、農家の経営条件の許す範囲で、できるだけ高い品質と多い収量を達成しなくてはならない。病害虫の発生を抑えることはこの一つの手段であって、それ自体が目的ではない。本来の目的が達成できるならば、病害虫がいても別にかまわない。その場合、病害虫という名前自体もおかしいので、むしろ農業植物と共存しているただの微生物であり、昆虫やダニであるにすぎない。ただの昆虫や菌類が病害虫になるのはある程度の密度を超えて、作物に害が出始めてからである。この境目はどこにあるのだろうか。

ミカン園では、病原菌も害虫もその大半はミカンの木とともに進化してきたもので、ミカンの木にとって全く無縁ではない。ヤノネカイガラムシのように暴走型の害虫はこの安定した生態的関係が成立する以前の状態を示しているように思えるが、そんな種は多くはない。病虫害のないミカン園をつくるということは、これらの共存微生物も昆虫もいないミカンの木だけの世界をつくるのではなく、ミカンの木も虫も微生物も共存する世界をつくることではなかろうか。これが私のなかでしだいにでき上がってきた見方だった。雑草の問題は別に考えなければならないが、広くミカン園生態系として考えれば同じような見方ができるだろう。

ミカンの木に病気や虫がつけば、木は弱ったり枯れたりして、農家は大きい損害を受けると思われている。だからミカン園のよい管理として、病害虫が発生しないようにすることが大切である。これは栽培技術のイロハであり、作物保護の教科書の最初に出てくる（あるいはわざわざ書いておくこともない）大前提である。またそれを証明するような事実も、さまざまな農作物について無数の例が挙げられる。病害虫のいない畑をつくるためにさまざまな努力が行われ、その一つの方向から現在の農薬万能の流れが出てきた。私は農薬万能の農業を転換するためには、この点から見直すべきだと考えた。

農作物に虫や菌がつけば木は弱ったり枯れたりする。その場合、大きなミカンの木に2〜3匹の虫がついただけで木は弱るのだろうか。ある程度以下の数であれば、その害は無視してもよいのではないか。ここで、病害虫の発生量と作物の受ける害との関係を見る必要がある。

この問題はすでに農業技術のなかで研究されていた。それは被害解析の分野である。

農作物も生物であるから、多かれ少なかれ環境条件の悪化に抵抗する力をもっている。少しの害なら、生物本来の抵抗力、または補償能力によって実際の成長や再生産に影響を受けない。害の仕方にもよるが、病原菌や害虫の密度がある程度以上になって初めて、作物に影響、つまり農作物が衰弱し、収穫物の品質や品位が低下するという現象が現れてくる。それがひどくなると実際に農家の経営上に支障をきたす。寄生、被害、損害の3段階の寄生のなかで、実際に被害が現れ、それが農家の経営上の損害となるまでに3段階がある。この関係は、はじめの病害虫の寄生から、作物に被害が現れ、それがなければならないのは第3段階の損害である。この被害が損害に転化する密度あるいは寄生状態は病害虫のそれぞれの種類によって違っている。この対応関係を解明する必要がある。

私が最初に取り組んだのは、被害の出方がはっきりしていて、重大な損害を出すヤノネカイガラムシだった。

この虫はミカンの被害の問題を大変わかりやすい形で示している。この虫の害は二つある。一つはミカンの果実に寄生して外観つまり品位（品質の低下というより味や含有成分が変わることを意味するから、外観だけの場合だと品位というほうがよい）を低下させることであり、もう一つは多数の虫が木に寄生することによって木を枯らすことである。これはミカンの木の生理条件、果実の肥大時期、ならびについている虫の発生状態の組み合わせによって起こるから、単純には言えない。私たちは試験場の20〜30年生のミカン成木を使ってこの問題を検討した。数十本の木を犠

第2部 「病虫害とは何か」を考えながら　198

性にすることを覚悟して、防除をせずに放置してヤノネカイガラムシを増やし、被害の出方を追跡したのである。1966年（昭和41年）から始めたこの試験の結果、葉当たりの越冬雌成虫の数が0・6個体を超えると果実の品位低下が問題になり、2個体を超えると部分的に枝枯れが出始め、8個体を超えるとその翌年にはかなり大きな木でも枯死することがわかった。葉当たり密度が1個体を超えた実験園は葉が茶色に枯れ上がって惨憺（さんたん）たる情景を呈する（注28）。ふつう、防除をしていない園にはヤノネカイガラムシのほかにもいろいろな害虫やその天敵が増えてくるものだが、ヤノネカイガラムシがひどく増えた園では他の害虫も天敵もいなくなって、ヤノネだけの園になってしまう。農薬防除をしなければ天敵が増えて害虫の発生はある程度以上にはならないという考え方は、ヤノネがいるかぎり成り立たない。これを見ても日本のミカン園ではヤノネというものが非常に特異な害虫であることがわかる（注29）。

ヤノネの場合には果実の品位低下を起こすような密度に達しないことが防除の目安になる。そのためには園全体としてカイガラムシの密度がかなり低い段階で防除をして、被害の出る密度に達しないようにすることが必要となる。この密度まではヤノネに関するかぎり防除をする必要はない。この防除が必要になる害虫の密度を「要防除密度」という。具体的にはどの程度の密度で薬剤散布すればよいか。

ここで次の問題を解決する必要があった。それはヤノネカイガラムシの増え方を明らかにすることと、現在この虫の防除に用いられている農薬散布によってその増え方がどのように違ってくるかを知ることだった。第一の問題は、それまで全国のミカン産地の試験場で行われてきたヤノネの発生調査のデータと、われわれが1964年ごろから行ってきた越冬期間の死亡率についての研究を総合してある程度の見通しがついた。一方、第二の問題のためには、われわれが行ってきた多数の農薬効果試験とその対照実験の資料が役に立った。これは私が長崎から金沢大学に転任してから後も、当時、京都大学の大学院生であった井上民二君と協力して、数学の得

意な井上君によるコンピュータ・シミュレーションの結果、一応の見通しが立てられるようになった。こうして低い密度の場合には冬期の機械油乳剤散布だけで実際の被害を防止する見通しができた（注30）。

ヤノネカイガラムシの被害解析と並行して、われわれはミカンのもう一つの重要な害虫であるミカンハダニの被害解析の研究を進めていた。

ミカンハダニの害は二つある。一つは果実の色つやを悪くするもので、これによって果実の販売価格が下がるので、収穫期の成木にとっては大きな問題である。もう一つは葉から葉緑素を吸い取って同化作用を妨げ、成長を遅らせ収量を低下させる害である。これは主に成長中の若木にとって問題となる。果実の色つやについては実験が難しいので、われわれはまずミカンハダニが木の成長にどんな影響を与えるのかを確かめることとした。

ミカンハダニがつくと、濃い緑色のミカンの葉が何となく白っぽくなることは知られている。これはミカンの葉の葉緑素が減るためで、このためにミカンの葉の同化作用が低下し、木のデンプン生産力は衰えて若木では成長できなくなり、成木では果実が大きくならなくなると考えられていた。

この白っぽくなった葉を拡大鏡で見ると、葉の表面に白い点がポツポツと散っている。この白い点を顕微鏡で見ると、その部分の表皮細胞の中にある葉緑粒がなくなり、細胞膜だけが白く残っている。確かにミカンハダニによって葉緑素が壊されているのである。

この葉の変色を目安にしてミカンハダニによる被害の程度を決めることが行われてきた。これはミカンハダニの被害指数（示数）と言って、葉の表面に白い点が全くないものを0、葉の全面が白点で覆われたものを100とし、白点の散布した部分の広がりや白点の密度から、0から100までの間をおおまかに20、40、60、80の4段階に分けた。これは直観的なものではあるが、ミカンハダニの被害の目安としては便利なので、ミカン栽培

第2部 「病虫害とは何か」を考えながら　200

西野君はこの被害指数が実際のミカンの葉の光合成活動の低下とどのように結びついているか、またこれがミカンの木の成長にどのくらい影響するのかを問題とした。木の物質生産の基礎は、葉のもっている葉緑素による同化作用である。その基礎である葉緑素が減れば、減った分だけ同化作用が低下すると考えられる。私たちはその実際の活動低下の程度を測定しようと思った。同化量の測定は当時、野外では半葉法が行われていた。これは葉の半分を銀紙で覆い、葉全体に一様に日光を当ててから、覆われた部分と覆われなかった部分をそれぞれリーフパンチで打ち抜いて大きさの等しい葉片をつくり、その重さを比較する方法だった。私たちは植物生理のほうは素人だったが、生理実験をまねてこのテストを行ってみた。しかし私たちの技術の未熟のためか、どの葉片も重さで違いは出なかった。それでさらに別の方法を考えた。

そのころ、同化量測定の最も精度が高い方法としては、植物の炭酸同化量測定装置、いわゆるURASがあった。これは実験室内で二酸化炭素濃度のわかった空気を、測定しようとする植物体をおいた装置の中を通して、入ったときと出てきたときの空気の二酸化炭素濃度を測り、その差から同化量を知る装置である。当時福岡の九州大学理学部にはこの装置がある。私たちの研究室では手が届かなかった。幸い福岡の九州大学理学部生物学科の生態学研究室の好意で、この装置を使わせていただくことができた。私たちは試験場でほぼ同じ条件の鉢植えのミカンの木に違った程度にミカンハダニを発生させて、各段階の被害指数を示す木をつくった。その鉢を県のマイクロバスに積んで大村から福岡へいき、九大の人たちにこの装置を使って測定をする技術の手ほどきを受けて、それぞれの被害程度のミカンの葉の同化量を測定した。

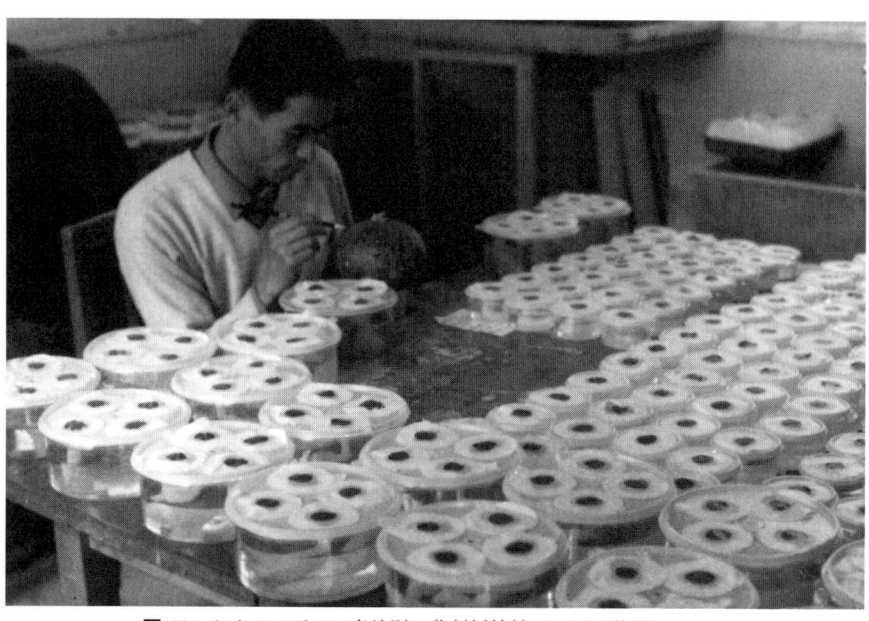

図49 ミカンハダニの産地別の薬剤抵抗性のテスト装置

今度はうまく結果が出たが、その結果は意外なものだった。被害指数0から60までの葉の同化量には全く違いがなかった。指数が80になると同化量は低下するが、その差はあまり大きなものではなかった。しかもその低下も、よく調べると被害程度がひどくなると葉の呼吸量が増えて同化してできたデンプンをすぐに使ってしまうためにデンプン生産量が少なくなるのであって、実際にできたはじめのデンプン量には違いがなかった。

被害指数80となると葉の大部分が白くなっていて、ひどい被害を受けているように見える。当然に大量の葉緑素が失われていると思われる。それでも同化量自体は健全葉とたいして変わらないということは、ミカンの葉にはかなり大量の葉緑素の予備があって、それがミカンハダニによって失われた葉緑素の活動を補っているためと思われる。ミカンの葉は相当のミカンハダニの被害をも補うことができる弾

力性あるいは補償能力をもっているらしい（注31）。

ミカンの木の補償能力はそれだけではない。西野君はこの試験と並行して、実験園に多数のミカンの若木を育ててその成長とミカンハダニの被害に関する試験を行った。それは試験園を五つの試験区に分けて、それぞれに全く防除をせずにミカンハダニやミカンハムグリガその他の病害虫が発生するのにまかせた区、ほかの害虫には効くがハダニは防除できない農薬を使って、他の害虫は発生しているがミカンハダニだけはほとんどいない区、ミカンハダニが葉当たり密度2個体および5個体以上にならないように薬剤散布を加減して、ハダニの密度をある程度以上にならないように管理した区、すべての病害虫が全く出ないように完全に各種の農薬をひんぱんに散布した区という各区である。この結果を見ると、試験開始1年目には完全に防除した区が葉の数、若枝の数およびその伸びる長さのいずれでも優れていた。ところが2年目になるとこの関係が変わって、全く防除をしない区が木の成長を示す前記の三つの指標のいずれについてももっとびぬけてよい値を示すようになった。これはおそらくミカンつまり防除を全くしないで害虫が発生するのにまかせた木が最もよく成長したのである。これはおそらくミカンの木の補償能力が高く、失われた枝葉の活動を回復しようとする力が大きく働いたためと思われる。それは漠然とした植物の生命力などというものではなく、目的にそった計画を立てて実験すれば、植物生理学的にも証明できることだろう。

この結果を見ると、これまでのように多大の労力と経費をかけて、農薬を散布し、防除をすることがはたして必要だろうかという疑問が生じる。病害虫防除とは一体何なのだろうという疑問があらためて湧いてくる。もちろん、ヤノネカイガラムシのように防除をしないと確実に木が枯れてしまうという害虫もあるが、ヤノネとならんでミカンの大害虫とされてきたミカンハダニについては見直さなければならない多くの問題が起こってくる。少なくともミカンハダニはミカンの成長には実害はないということ

が推測できる。

注27　成虫が紅色の美しいカイガラムシ。ヤノネカイガラムシのように木を枯らすことはないが、多発すると果実に寄生して品位を低下させ、大きな損害を出す。

注28　一般の言葉で昆虫や動物の数を記述するとき、1匹とか1頭とか記すが、やや専門的な記述ではこの状態をお許し願いたい。長崎市近郊に突然に多発した。

注29　この実験から10数年後のヤノネキイロコバチとヤノネツヤヤコバチの導入は、1997年にボルネオのサラワクで飛行機事故のために亡くなった京都大学教授井上民二さんに深い哀悼の意を捧げる。

注30　その後、熱帯生態学の優れた研究者となったが、一般の人たちには不慣れな言葉だが正確に記述するために、この場合は「1個体」のように書く。

注31　植物の光合成に関する研究は、その後、植物生理学的にまた分子生物学的に非常な発展をしている。ここに述べたのは40年前の農業生態学研究者のごく素朴な実験の有様である。

17章 若葉のいのち──ミカンの若枝に集まる虫たち

 春の陽光が土地を温めるようになるとミカンの木は去年の枝先から新しい若枝を伸ばし始める。その淡緑色の若枝から葉芽が伸び出し、小さな若葉になっていく。若葉は、はじめ長さ1センチたらずの、縦に1つ折りになった細長い緑の棒だが、まもなく開いて小さな葉の形になる。そうして日をおって長さと幅を増し、やがて長さが6～7センチのミカンの葉になる。樹齢（木の年齢）や若枝の出る時期によっても違うが、温州ミカンの春葉の場合にはふつう、長さが7センチほどで成長が止まり、淡緑色のみずみずしく軟らかな葉が濃い緑の硬い葉になっていく。成長が止まり硬くなった葉を成葉（せいよう）という。植え付けてから7～8年以上の、実をつけ始めた成木では若葉は年に1回、春だけに出るが、3～5年生の若木では年3回、春、夏、秋にそれぞれ若枝が出て若葉をつける。夏枝と秋枝は春枝よりも長く、いくらか大きめの葉をつける。
 この若葉には成葉と違った害虫や病気がつく。害虫ではミカンハモグリガをはじめ、ハマキムシ類（ミカンコガ、コカクモンハマキなど）、アブラムシ類（ミカンクロアブラムシ、ユキヤナギアブラムシほか数種）、アゲハチョウ（ナミアゲハ、モンキアゲハ）など、病気では主にかいよう病（潰瘍病）である。これらの病害虫のなかには条件しだいでは硬くなった成葉につくものもあるが、多くは若葉だけにつく。ミカンハモグリガは伸長中の軟らかい若葉でないと生存できない。アブラムシ類もほとんどの場合、若葉、若枝についている。私はミカンの病害虫防

図50 ミカンの葉に大きな食痕を残すナミアゲハ（アゲハチョウ）の成虫は、よく知られた大きなチョウである

除の仕事を始めるまでは、ミカンの害虫はミカンの葉ならどんな葉でも食うのかと思っていた。しかし害虫が厳密に葉の成長段階を選び分けるのを見て、葉を食べる虫についてのそれまでの認識が間違っていたことをあらためて知った。ミカンの若葉と成葉では、そこにつく虫も病気も別の種の植物のように違っていた。

この病害虫の違いに応じて、若木園の病害虫防除は成木園とすっかり違っていた。1960年代の当時は硫酸ニコチンと石灰ボルドー液（あるいは銅水銀剤）の散布を主とするものだった。エカキムシ（ミカンハモグリガの通称）とかいよう病を主な対象とする防除は、1回当たりの散布量は少ないが、若枝の伸びている間は毎週のように薬剤散布が必要だった。散布する部位がミカンの木のなかでも外側にある伸長中の若枝に決まっている。正確に若葉の表裏に丁寧にかける必要上、高圧の動力散布機では農薬の飛散による無駄が多いの

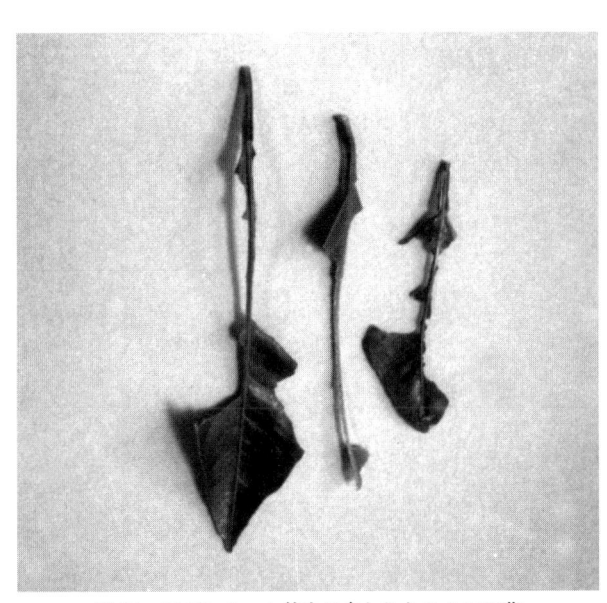

図51 アゲハチョウ幼虫に食われたミカンの葉

で、この若葉の防除だけは古くからの手動の背負い式噴霧機を使うことが多かった。若木園の病害虫防除はふつうのミカン園の防除とは全く別のものだった。

若葉は芽が伸び始めてから、大きくなりきって硬化するまでにふつう40日ほどかかる。若葉の病害虫はこの短い期間に成長を完了する。若葉とそれを利用する害虫との結びつきは非常に強い。この若葉とそれを取り巻く病害虫の生態が私の関心をひいた。

それは私が試験場へきて4年目、ようやく現場の問題を自分なりに把握できるようになったころだった。私はここに赴任するときに考えたように、農業現場と学問の世界の接点で仕事をするための中心になるテーマを探しているところだった。

そのころ、日本の生態学界では個体群生態学の発展期だった。研究対象が室内のシャーレの中で飼えるアズキゾウムシなどの実験個体群から、野外の畑や草原の昆虫やネズミなどの自然個体群

207　17章　若葉のいのち ── ミカンの若枝に集まる虫たち

図52 ミカンの若葉に残るミカンハモグリガの坑道痕

へと広がった。そうして動物が成育するにつれて、どの時期に、どのくらい、どんな原因で死んでいくかを明らかにする生存曲線と生命表解析が大きな成果を上げていた。私はミカンハモグリガがこの研究に適した材料だと思った。幼虫がミカンの若葉の中に潜り込んで描く坑道がそのままこの虫の幼虫の履歴を示していた。私はこの坑道を図に写し取り、その長さを測ることによって多数の個体の成長と生存期間についてのデータを集めた。そうして坑道の中断とそこに残る蛾の幼虫の死骸、幼虫に付いていた寄生蜂や、蛾の幼虫が成熟して羽化した蛹の跡を確認することによって死亡時期と死亡原因を知り、効率的に生命表をつくることができた。

ミカンハモグリガの生命表をつくっていくうちに、私はそれが虫の食い入ったミカンの葉の条件、特に葉の成長の程度によって非常に影響を受けることを知った。ハモグリガの

幼虫が食い入る時期が少し遅れて、成長中に葉が硬くなると虫は死んでしまう。虫の成長段階に応じた死亡率、死亡要因を示したきれいな生命表をつくろうとすれば、葉の条件をそろえなくてはならない。しかしミカン園ではさまざまな葉齢の葉が混在して、ハモグリガの自然個体群の死亡はそのなかで起こっている。死亡はしばしば虫の発育段階に関係なく食い入った葉の葉齢が進んで硬くなるために起こったり、虫の発育にも葉齢にも関係なく、枝の付け根が傷を受けたり枝先にアブラムシが群がったりしていっせいに起こったりした。このような虫の生育と関係がない死亡をそのまま表した生命表がしおれることによって見栄えがするようなハモグリガの齢別死亡率と死亡要因を整理したきれいな生命表をつくることが、ミカン園のハモグリガ個体群の生活を反映しているとは思えなかった。このときに私は、自分の研究の目的が図や表にしてきれいな論文をつくるのではなく、ミカン園のよりよい管理方法をつくることであることを確認しなおした。

現実の若木園にはさまざまな葉齢のものが混在しているだけではない。私たちが対象としているミカン園には、何種もの害虫や病気が同時に発生している。問題はますます複雑になってくる。

オーソドックスな科学の方法論では、多くの事象が混在した現実の自然のなかから研究しようとする対象を分離して取り出し、その因果関係を明らかにするのが原則である。近代の科学はそれによって大きな成果を上げてきた。それは私もよく知っていたし、また行ってきた。

しかし私は一方では現実に多くのものや現象が共存する自然をそのままの形で取り上げ、そのなかから法則性を見いだしていく方向もあるのではないかと考えた。自然界で一般的にあいともなって現れる幾つかの要素の集団を一つの単位として、別の視点からとらえることもできるのではないかと思った。ここではミカンの若枝に集まって生活している数種の害虫のセットを、そのすみ場所であり食物でもあるミカンの若枝とともに全体とし

そうすると害虫のどれか一つの種類だけを対象とするこれまでの害虫研究と別の方向から問題を把握しなくてはならない。現象を記録する軸を変える必要があった。私が考えついた方法はここでその軸を害虫個体群から、害虫が加害している植物のほうへ移すことだった。

私はミカンの夏枝に出る葉芽に印を付けてその成長を追ってみた。葉芽は伸び出し、展開して小さな葉となり、やがて新しい若葉になっていった。この過程は私がそれまでにもたくさん見てこなかった。私はあらためてこの経過を測定し、スケッチして変化を追ってみた。たくさんの若葉の成長を追いながら、葉と害虫や病気とのかかわりを見ていくことを考えた。植物の個体群研究が世界的にようやくスタートしたころだった。ここで植物の葉の1枚ずつを生き物の1個体の生き物と見て追いかけ、「葉の生命表」をつくることだった。私はこうして若葉が生まれ、成長する途中で落ちていくか、あるいは完全に成長して梢の成葉の集団のなかに取り込まれていくまで、いわば若葉の一生を追いながら、葉と害虫や病気とのかかわりを見ていくことで一つの新しい視野が開けると思った。

たくさんの若葉の成長を追ってみると若葉は成長しきって、大きくて硬い木の生物的生産の主力となる成葉となっていったが、その間に多くの葉は虫に食われたり、病気になって落葉したり、あるいは原因不明のままなくなっていった。おおまかに見て葉芽のうち成葉になったものは全体の30％、残りの70％は成葉になるまでの40日のうちに、成長の途中でなくなってしまった。若葉がなくなっていく原因はほぼ40％が害虫のため、30％が病気かあるいは原因不明の生理的障害のためと推定された。

私はこのテーマが、生態学の興味あるテーマであると同時に、現在の長崎県のミカン産業の重要な課題と一致すると考えた。

第2部「病虫害とは何か」を考えながら　210

私が赴任したとき、長崎県のミカン園は伊木力や長与など古くからの産地を除いてはほとんど植えつけてから数年以内のものだった。1950年代後半に入って盛んになったミカンの新植が一つの段階に達したところだった。島原半島や西彼杵半島あるいは北松浦の緩やかな台地に広がる広いミカンの、これからでき上がるミカン集団産地の姿を想像させた。

長崎県のミカン産業の当面の大きな仕事は、静岡や愛媛などの先進県と違って、この若い木を健全に育てて早く大きな収穫の上がる成木にすることだった。私たちミカンの技術改良の試験研究と技術指導にあたるものには、成木園を主体とする先進県のようなミカン成木園をよい状態で維持管理していくのとは違った目標があった。私は試験場でようやく日常の仕事が軌道にのってくると、病害虫研究室としてどのような目標を立てるべきかを考えた。このころになると研究室はしだいに発展して研究員3人と補助員2人となり、新しく病害虫研究室の建物もできていた。

私は研究室の基本的ないき方としておおむね次のような方針を立てた。それはわれわれの研究室ができる労力（精神的ならびに肉体的）と予算の半分を県の果樹産業が当面解決しなくてはならない問題に投入し、残りの半分を長い目で見て果樹産業にとって重要な問題を予測してそのために使うことだった。具体的に言えば予算と労力の半分をここ5年以内に解決しなくてはならない問題に使い、残り半分を10年以上先に起こってくると思われる重要問題に備えて使うことだった。現代のような社会の動きの早い時代には、当面解決を迫られている重要問題だけに追い回されていると、日本の農業あるいは果樹産業にとって重要な基本的問題を見失ってしまい、小手先の技術改良だけになってしまうおそれがある。私はそれまでの経験の上にたって「すぐに役に立つ技術はすぐに役に立たなくなる」という考えを強くもつようになっていた。

長崎県でいま重要なことはこの数千ヘクタールのミカン若木園を健全な成木園にすることである。そのため

211　17章　若葉のいのち──ミカンの若枝に集まる虫たち

図 53 ミカンアブラムシが若葉につくと葉が巻き上がり成長が止まる

には、木の成長と生産のもとになる光合成の器官である葉を大切にすることだ。育ち盛りのミカンの若木をより健全に早く育てるためには、1本当たりより多くの葉をつける必要がある。まず葉芽の成長中の消耗をできるかぎり少なく抑えなくてはならない。私は葉の成長中の消失の原因、言いかえれば葉の死亡要因を解析して、そのなかで重要な要因から順番に取り除いて葉の生存率を高めることを考えた。

葉の死亡要因を調べていくといろいろなことがわかってきた。第一には葉に残る害虫や病気の痕跡と、実際に落葉の原因となる害虫や病気が一致しないことだった。考えてみれば当然のことで、被害が見分けられ数えられるのは木について残った葉である。害虫に食われてなくなってしまったり、病気で若いうちに落ちてしまったりした葉は人目につかず、数えられることもない。ミカンハモグリガの被

第 2 部 「病虫害とは何か」を考えながら　　212

害が目立つのは、この虫の食い入った葉が破れたり縮んだりして無残な姿になりながらも、何とか枝に残っているからである。ハマキムシなどに食われた葉も同様である。ごく若いうちにバラバラと落ちる葉は、重要なわりに人目につかない。またそれは非常に調べにくい。

私は成長中の落葉が、かなり複雑な原因によって起こることを知った。それは害虫や病気ばかりでなくミカンの木自体の生理的原因によると推定される部分が大きかった。

若枝が伸び始めて最初に出る小さな葉芽の1対は、少し盛り上がって開きかけただけで必ず落ちてしまった。それは病気や害虫が全く見られない場合でも同じだった。私はこの最初の1対の葉芽はそのあとの梢を伸ばすために成長ホルモンのようなものを分泌するだけの役目をもって出てくるのではないかと想像した。

実際に伸びて成長になるのは2番目からあとに出てくる葉芽である。これらは病気や害虫がつかない場合にはよく伸びて、立派な若葉となる。こうして6〜8対の若葉が広がった春枝ができる。それ以後に遅れて出てきた若葉は晩春から発生が始まったミカンハモグリガの激しい攻撃を受けてボロボロになってしまう。

ハモグリガの食害痕には気温が上がるとともに菌の活動が盛んになるかいよう病が感染して落葉してしまう。の季節の進行にともなうミカンの若枝の伸長と病害虫の発生加害とは微妙な時期的関係をもっていて、伸びるがハモグリガはまだ出てこないというこのわずかな隙間に若枝の健全に生育する機会があった。春葉の出遅れはほとんど致命的だった。当時のミカンの栽培技術は頻繁な農薬散布によって遅く出てくる若枝を強引に守ってこの時期を乗り切ろうとしていた。ここでミカンの木の生態とその害虫の生態との絡みあいと、その害虫の防除との関係が大きく出てくる。

木の葉がどのくらいのあいだ枝についているかということ、言いかえれば薬の寿命は、落葉樹と常緑樹の違いをめぐる問題ともかかわってくる。これは植物の種によって遺伝的に決まっている葉の性質とも考えられる。そ

れは樹木や草が最も効率的に成長し、あるいは物質生産を行っていくための方策（言いかえれば戦略）として考察されることが多い。その場合、害虫や病気のような外部要因による葉の消失、言いかえれば植物の種類によって決まった葉の天寿（いわゆる生理的寿命）をまっとうしない事故は、考察の外におかれることが多いようである。

しかしこのような外部要因による葉の消失は、はたして予測できず、法則化もできない事故だろうか。これらの植物自体も1種だけで自然界に生きているものではない以上、葉をつけた木や草が生活している自然環境のなかで、他の多くの動植物や微生物とかかわりながら、一定の法則（それは決定的な法則よりもむしろ確率的な法則であろうが）のもとに進化してきたものと考えるほうがよいのではなかろうか。梢の成長中のこのような外部要因による葉の消失は、ミカンの木が生育する自然環境あるいは栽培環境のもとで、その種に固有の生態的寿命を決める法則性のもとにあるものではなかろうか。私にはそのように思えた。

ミカンの若葉を食う害虫の発生には二つのタイプがあった。1年に3回発生する型と、条件の許すかぎり何回でも発生する型である。前者の代表はアゲハチョウ、後者の代表はミカンハモグリガである。アゲハはミカンの新芽が伸び出すのとほとんど同時に出てきて新芽に産卵し、ふ化したばかりの黒い小さな幼虫はまず軟らかな新芽を食って育つ。そうして大きくなった緑色の幼虫は硬化し始めた葉でも食って成長速度を高め、急速に大きくなる。ちょっと見ると大きく開いたミカンの葉を盛んに食べている緑色の大きな幼虫が問題のように思えるが、あまり目立たない若い新芽を食べている黒い若齢期のほうが、ミカンの木の受ける害から見ても、また新芽が硬化して食べられなくなる前に若齢期をすまさなくてはならないアゲハの幼虫から見ても大切である。春葉がすべて成虫して硬くなるころにはアゲハチョウの幼虫はみな蛹となっている。そうして夏葉、秋葉とそれぞれの出る時期に成虫が出てきて産卵、発生を繰り返す。しかし夏・秋の発生量はやや少ない。これは高温で新芽の硬化

第2部「病虫害とは何か」を考えながら　214

図 54 ミカンの若い蕾についたミカンアブラムシのコロニー

速度が早いために幼齢幼虫の成長が追いつかず、虫の成長と葉の硬化の競争に敗れて死んでしまう幼虫が多いためではないかと思われる。この虫の年間の発生の型は若いミカンの芽立ちの季節と歩調をあわせるように進化してきたものらしい。若葉を巻いてその中で葉を食うミカンコガもよく似た発生型を示す。これらの虫は季節がはっきりした温帯で進化したことを思わせる。

一方、ミカンハモグリガは季節と関係なく、若い伸長中の若葉があるかぎり何回でも発生を繰り返す。東海地方で年に 7〜8 回、九州南部では 10 回以上になる。しかしその春の発生の始まりは遅く、またはじめはその数も少ない。発生が目立ち始めるのは春葉の出る時期の後半であえる。そうしてたちまちに増えていく。夏葉は出始めるはしからこの蛾の幼虫に食い込まれる。秋葉も同様である。この幼虫の発生量は春、夏、秋、と季節が進むにつれて多くなり、秋葉は防除をしていないとほとんど全滅に近い被害を受ける。

215　17章　若葉のいのち――ミカンの若枝に集まる虫たち

この虫の発生は適当な食物があればいつでも可能である。ミカンにつくアブラムシ類もこれに近い発生を示す。ハモグリガもアブラムシも若葉が硬化すれば食べられなくなって死んでしまうが、夏、秋にはいつでも多数のハモグリガの成虫が新葉の発生を待っていて、新芽が伸び始めればすぐに集まってきて産卵するらしい。この型の虫はアゲハなどと違った生き方でミカンの若葉を利用している。ミカンハモグリガはおそらく一年中いつでもミカンの若葉があるような地域で進化したものであろう。それはアジアの多雨熱帯ではなかろうか。現在でもそのカンの若葉があるような地域で進化したものであろう。それはアジアの多雨熱帯ではなかろうか。現在でもその分布の中心は熱帯だろう。この研究をした１９６０年代から２０年ほど後に、私は日本のようなまた剪定（せんてい）作業をしないマレーシアやインドネシアの熱帯アジアの柑橘で、ミカンハモグリガがいつも発生していることを観察することができた（注32）。

私はミカンの若葉につく害虫や病気とミカンの木の関係を調べ続けた。それは長い間、私の疑問となっていた。この問題については私が多雨熱く木を成長させるためにはどうしたらよいかということだった。そのやり方はある特定の害虫や病気をどうしたら減らすことができるかといったような研究とは、かなり違った見方を必要とした。それが次の段階の研究を導いた。私はそれまでのオーソドックスな個体群生態学から少し違った傾向の仕事に入った。

注32　多雨熱帯では生物季節がどうなっているか。これは長い間、私の疑問となっていた。この問題については私が多雨熱帯地域にある赤道直下の西スマトラに駐在した２年間に観察し考えたことを左記の本にまとめた。

大串龍一　2004　kupu-kupuの楽園　熱帯の里山とチョウの多様性　海游舎

第２部　「病虫害とは何か」を考えながら　　216

18章 害虫の被害とミカンの木──ミカンの木の「自然」とは

ミカンの木についている生物は害虫と病原菌だけではない。同じ土地で何十年も生きている永年作物のミカンの木にすみ場所を求めているたくさんの小さな動物や微生物をもっているものから、直接の関係がほとんど認められないものまである。そのなかには、ミカン園にはミカンの木ばかりではなく、園を区切る生け垣もあり、地面にはいろいろな野生植物も生えている。これらの生け垣の木や草や石垣につくコケにもそれぞれにいろいろな昆虫や微生物がついている。このミカン園の生物全体が何らかの形で関係しあって、生物社会をつくっているというのが群集生態学の見方である。私は個々の病気や害虫の防除試験をしながら、いつかはミカン園の生物群集全体の研究を進めていきたいと思っていた。

ミカンの木につく害虫を防除すると、防除の仕方によっては目的の害虫は減っても、それ以外の害虫が増えることがあると言われてきた。私たちはミカン園の生物群集の研究の手始めに若葉に発生する害虫を対象として、1963～64年に簡単な実験を試みた。

この実験では1本ずつのミカンの木を単位としないで、植物群落としてのミカン園を想定した。まず温州ミカン6年生若木園を一つ準備した。園には1辺3.2メートルの正方形の中に5本の木を一つのブロックとして植えて実験をした。

この2ブロックずつ3組の実験区を設定した。若葉の害虫防除のために硫酸ニコチンだけを散布する区、硫酸ニコチンに強力な残効性をもつ有機塩素剤のエンドリンを混ぜて散布する区、および全く農薬を散布しない区である。そうして当面の目的である有機塩素剤のエンドリンを混ぜて散布する区で、ミカンハムグリガの防除がうまくいっているかということと、それ以外の害虫特にミカンハダニの個体数がどのように変わるかを調べた。目的とするミカンハモグリガ、ハマキムシ類、アブラムシ類およびアゲハの発生は硫酸ニコチン・エンドリン混用区で著しく少なかった。硫酸ニコチンおよびミカンサビダニの発生は防除区では少なかった。この結果は暗示的だった。しかし一方、ミカンハダニはもちろん、無散布区に比べてもこのダニ類の多さは目立った。ある種の農薬の散布は対象とする害虫以外の虫を増すことがある。この事実は農家や現地の技術者の体験として知られていたが、はっきりした結果として見るのは、私にはこれが初めてだった。

この原因はしばしば「それは強力な農薬によって天敵が殺されてしまうためだ」と言われる。確かに農薬、特に有機リン剤や有機塩素剤を多く使った園では天敵があまり見かけられない。私はこの調査で各ブロックについて年に2回ずつたたき落とし法による天敵（小型のテントウムシ、捕食性ダニ、寄生蜂など）採集をしたところ、確かにエンドリン区では天敵は少なかったが、全滅したわけではなかった。

この実験にはもう一つの目的があった。それは次に述べるミカン若枝害虫の被害解析の研究の予備実験である。そのために各ブロックには6年生の若木の間に4本の1年生幼木を植え込んでおいて、その幼木の成長を同時に調べた。このデータは測定値の変動が大きくてはっきりとは言えないが一定の傾向がうかがわれた。それは若葉の害虫が多く発生した木は樹高がやや低く、秋枝が多く出るとともに春夏の枝の葉が冬までにかなり落ちてしまうことだった。しかし樹幹の肥大成長や木当たり葉の数などには違いが見られなかった。これを見ると若葉の害虫の加害は木の成長にあまり影響しないらしい。

図 55 被害解析試験のために造成したミカン園。植えつけた年

この試験結果をもとにして、私はさらに詳しい被害解析の試験を計画した。それは6年計画で、害虫の加害と寄主植物の反応の関係を調べ、害虫防除がどのような場合に必要で、どのような場合にいらないかを明らかにすることを目的とした。ミカンの病害虫の害の程度は木の成長や葉の量の変化と、その木から収穫された果実の収量と品質の変化の二つの面に現れる。幼木・若木の場合には果実がほとんど収穫できないから、被害は木の成長だけに現れる。

この研究は新しく実験用のミカン園をつくることから始まった。半年かけて試験場の構内にある雑木山を切り開いて平坦な土地をつくり、そのなかに実験用の園をつくった。計画に従ってミカンの若木を植える長方形の試験区を35区、縦5列横7列に配置した。木の成長をそろえるために、それぞれの区は深さ60センチほどの植え穴

を掘り、掘り上げた土は一か所に積み上げて肥料を入れながらよく混ぜあわせたうえで土壌酸性を修正し、それぞれの植え穴に戻した。そこによくそろえて選んだ温州ミカンの苗木を6本ずつ植えつけて、全体に厚くしきわらをしてほぼ同じ条件にした。

調査項目の一つとして、植物の成長をこれまでのように幹や枝葉のような地上部だけから見るだけでなく、地下部の根からも見ようとした。1区を6本構成としたのも、1年に1本ずつ木全体を根まで掘り上げて調べると　して、6年続けることを予定したからだった。

苗木（林系普通温州ミカン1年生）を植えつけたのは1966年（昭和41年）の春である。210本の苗木は無事に全部が活着して成育を始めた。

私はこの35のブロックを、これによって害虫の種別の被害を知ろうとした。

植えつけた年の春枝はあまりよく出なかったが、夏枝からは勢いのよい若枝が伸びた。われわれは週に1回の調査を開始した。210本の若木のすべてについて、若葉の数、成葉の数、それらについている各種の害虫の数を数えた。この調査は一部だけの抽出によらず全数調査とした。大きな労力のかかる仕事だったが、若葉の害虫の場合、抽出データから母集団を推定するための基礎資料がないので、その基礎資料をつくる目的もかねてこの方法をとった。こうして毎週の調査から膨大なデータが集まり始めた。

若木とは言っても210本のミカンの合計何千枚という小さい若葉を毎週数える仕事は、とても私たち研究員だけではできない。試験場に併設されている農業講習所の生徒の実習も兼ねて、生徒たちと一緒に調査した。この園の木の施肥管理はふつうの温州ミカンの幼木、若木園に準じて行ったが、木の生産量を知るための目的も兼ねてこの方法をとっているため、剪定は一切行わなかった。除草剤は使わず厚いしきわらをして雑草の生えるのを防いだ。

第2部「病虫害とは何か」を考えながら　220

表6 各試験区の処理とそのねらい

試験区	防除対象害虫	農薬の性質と防除のねらい
硫酸ニコチン散布区	ミカンハムグリガ アブラムシ類	有機合成殺虫剤の出る前から行われ、この試験の当時も広く実施されていた防除方法。広い範囲の害虫を防除するが、その効果は新合成殺虫剤に比べてやや低い
硫酸ニコチン・エンドリン散布区	ミカンハムグリガ アブラムシ類 ハマキムシ類 アゲハ	硫酸ニコチンでは防除しにくいハマキムシ、アゲハなどによく効くエンドリンを加えてすべての主要害虫の防除をねらったもの。ただしエンドリンはその後使用禁止
ジメトエート散布区	ミカンハムグリガ ミカンハダニ アブラムシ類	枝や葉から汁を吸う害虫を中心にして広い範囲に対して有効な防除をする
ヒ酸鉛散布区	ハマキムシ類 アゲハ	葉をかじって食う害虫だけに有効な食毒剤である。合成殺虫剤の出るかなり前から使われていた
ハイドロール散布区	ミカンハムグリガ	ミカンハムグリガだけに特異的に効く合成殺虫剤。他の薬が液剤であるのに、これだけが粉剤である
エカチン処理（樹幹塗布）区	アブラムシ類 ミカンハダニ	散布せずに樹幹に塗ると殺虫成分が樹液に入り、それを吸った虫が死ぬ。ハムグリガにはあまり効かない
無防除区		

おそろしく手間がかかる地味な仕事である。その内容は大まかに二つに分けることができる。一つは春から秋までの若枝が伸長する期間の、毎週の葉数調査である。伸び出した新しい梢ごとに番号をつけ、さらにそれらの枝ごとに出てくる若葉は根元から順番に番号をつけて、梢の成長とついている葉の数を記録する。葉が虫害を受けたり病気にかかったらそれぞれに記録していく。この膨大な野帳の集計は、当時ようやく電動計算機が入ったばかりの私たちの研究室ではすべて手作業で行われた。現在のパソコン時代からは想像もつかないような手間がかかった。研究を始めて2年目までは木も小さく、新葉の数も1木当たりせいぜい数百枚程度だったから何とかできるが、3年目になると木は大きくなり、新葉

221　18章　害虫の被害とミカンの木——ミカンの木の「自然」とは

図 56 無防除区の 4 年生の木

数も増えて、毎週 2 日以上をこの調査にかけても調べきれなくなった。5 年目になると予想した以上に木が大きくなり、十分に間隔をとってあったはずの各区の間の通路にまで枝が張り出してきて、通るのも困難になった。枝と枝がいり混じってどの木のものか見分けにくくなり、記録には非常に神経を使う。それだけ注意をはらっても隣の枝を間違えて数えたり、調査器具や衣服をひっかけて枝を折ったりする事故が増えてきた。調査園では剪定をしないために、長く伸びた夏・秋枝が横に張り出し、支えるものがないと垂れ下がって地面をはうようになる。雨が降ると地面についた若枝は土にまみれて木の成長自体にも差し支えるようになってきた。

調査は年ごとに難しいものになっていった。そしてデータの信頼性についても疑問が感じられるようになった私は、6 年か

第 2 部 「病虫害とは何か」を考えながら　　222

図57 無防除区の5年生の木

けるつもりだったこの実験を1年早く切り上げることとした。1971年（昭和46年）にこの一連の実験を打ち切った。

毎年、冬の間に行う成長量調査も、いろいろな困難が起こってきた。若木を1本ずつ、根もそっくり掘り取って土やほこりを取り除き、広げた新聞紙の上に1本ずつおいて枝、緑枝（春・夏・秋枝に分けて）、幹、太い根（主として木の支持と水・養分の流通の役目をしている根）、細根（表皮が薄くて土壌中から水、養分を吸収している根。ミカンには根毛はない）に切り分ける。葉を元のほうから1枚ずつ外してその長さを測定し、その葉に残る病害虫の痕跡を記録した。こうして分けた各部分を軽く乾燥して重量を測った。この作業は一見簡単そうだが、年とともに木が大きくなると作業量は目立って増えて、研究室の人手を動員しても、ひと月ではすまない。

223　18章　害虫の被害とミカンの木——ミカンの木の「自然」とは

この実験は私の長崎に在任した11年間で最大の労力と期待をかけた仕事だった。それは単にミカンとその個々の害虫との関係を知るばかりではなく、生物群集における一次生産者である樹木と、それに依存している植物食性の動物との関係についても何らかの法則性を見いだしたいとの期待をかけたものだった。

この実験は当時の私たちの仕事のなかで最大の労力をかけたものだが、それは県の試験場に与えられた業務からはかなり外れていた。当時の長崎県のミカン産地が直面しており、試験場に与えられた課題はミカン園管理の省力化であり、病害虫研究室では次に述べる二つのテーマであった。一つは省力経営のためにミカン園に導入され始めた（リンゴ園などでは早くから使われていたが、傾斜地の多いミカン園には導入が難しいと思われていた）走行式薬剤散布機械であるスピードスプレーヤー（注33）の実用化の問題であり、もう一つは農業用水の少ない県北地域のミカン産地における、水を使わない粉剤による防除体系の確立であった。

この実験は当時の私たちの仕事のなかで最大の労力をかけ牽引するスピードスプレーヤーの試験のために試験場の栽培科と協力して、農薬散布実験とその防除効果の調査をした。一方、粉剤防除の体系をつくるためには、玄海灘に面した伊万里湾内に浮かぶ小島である福島に設定した二か所の実験園で、病害虫の発生調査と粉剤による防除効果の調査を続けた。これらは3年あまりの継続調査によって一応の成績を上げた。しかしこれらの試験の結果は実際にはあまり役に立たなかった。その理由は、日本のミカン産業の変化とともにこの成果を活用する場所がしだいに少なくなったためである。いまになってみるとこの研究に投じた苦労は結局、生かされなかったという気がする。当時から何回もそんな経験をして、私は何となくこれが徒労に終わる不安を抱きながら試験や調査を繰り返してその報告を書いた。すぐに役に立つ研究はすぐに役に立たなくなるという長い目で見てミカン産業に役立つに違いないと思って、わずかな時間を見つけてはこの仕事を続けていた。休日ながら私の直観が当たったらしい。そのなかで私は試験場で続けている被害解析の研究こそ、長

第2部「病虫害とは何か」を考えながら　224

はほとんどなかった。

1960年代の終わりから70年代前半にかけて、日本の農業病害虫防除の研究の中心は総合防除に向かっていた。農林水産技術会議が主導して、このテーマで国公立の試験研究機関をまとめた大きな研究プロジェクトが、当時としては桁外れの大きな予算で始まっていた。私たちの研究室もこれに直接に結びつきにくかったが、私は真の総合防除は被害解析の結果の上に立つに違いないと考えて、この総合防除の予算のかなりの部分をやりくりして被害解析の研究につぎこんだ。

被害解析の研究は幾つかの事実を明らかにした。第一は若葉の害虫が寄生して食害していても、全体としては木の成長を阻害しないことである。それは5年たった木の全葉数、樹幹の太さおよび木全体の重量（現存量）に現れている。5年間の総合的な結果として示されたこれらの測定値は、大きな労力と経費をかけて農薬を使用しても、木の成長という点から見ると全く防除しなかった場合とほとんど変わらないことを示した。ただしこれは防除をしなくても害虫が発生しないということではない。木の重要な生産器官である葉の消失状況を見ると、無防除区では多くの葉が成長の初期段階で害虫によって失われる。それにもかかわらずたくさんの葉を失った木の成長が低下しないのは、木には大きな補償能力があって葉が失われればそれだけ余分に若葉を出して葉の伸長量に現れる。防除しないで害虫が多く発生した木は、防除した木に比べてはるかに多くの秋枝を出して葉を補充する。こうなると若葉の害虫防除のために大きな労力をかけて、環境に有害な影響を及ぼす農薬を散布する必要がほとんどなくなる。これは2年間の予備実験で推測されていたが、多くの葉が残っている防除区の木は秋枝をほとんど出さない。木は自らその葉数を調整する能力をもっているのである。

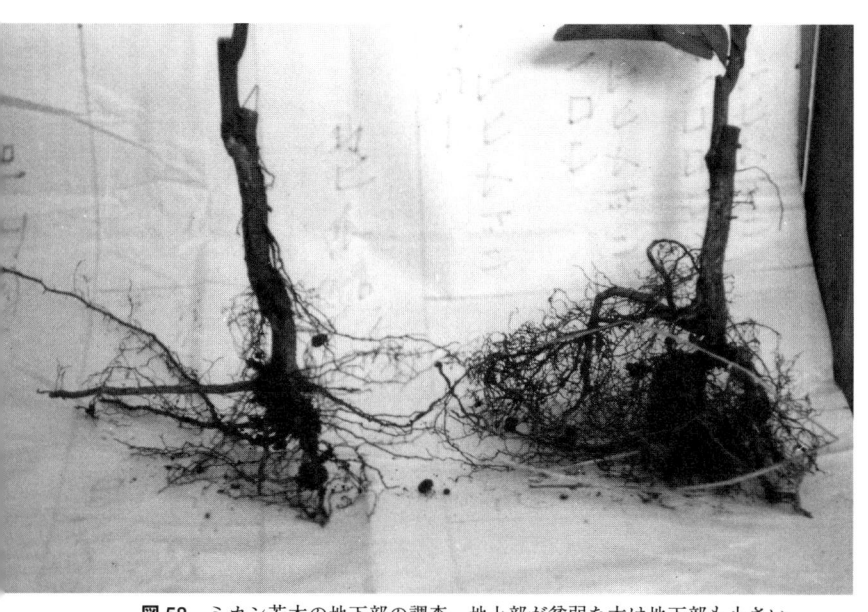

図58 ミカン若木の地下部の調査。地上部が貧弱な木は地下部も小さい

　この5年間の本実験によってはっきりと証明された。

　農薬使用はさらに別の問題を明らかにする。それはある種の農薬は長期的に見ると木の成長を阻害することである。この実験によると、無防除区と4種の農薬散布区、硫酸ニコチン区、硫酸ニコチン・エンドリン区、ハイドロール区、ジメトエート区では木の成長には目立った違いはなかった。ところが残り2区、つまりヒ酸鉛散布区とエカチン塗布区は、この5年間の木の成長が目立って遅れた。他の薬剤による防除区と比べて、この2区では病害虫の発生が特に多くはなかったので、成長の遅れは薬剤の直接的影響と考えられる。この結果は1年単位の実験ではわからないが、5年間の累積効果として出てくる。これは薬害の一種であるが、こうした慢性的薬害はふつうの試験によって初めて明らかになった。この結果を見ると、若枝の害虫防除

第2部 「病虫害とは何か」を考えながら　　226

は木の成長という点で有益なことはあっても、有益なことは認められない。

この実験の資料を整理しながら私がしだいに理解したのは、温州ミカンというものが基本的に栽培植物であるということだった。栽培植物としての成育の仕方、再生産の仕方（つまり果実の生産）は一つのまとまった体系をもったものであり、防除によって害虫をなくすことだけでは、農業作物としてのミカンの栽培管理全体のバランスを欠くおそれがある。ヤノネカイガラムシやミカンナガタマムシなど急激な枯死を引き起こす特別な害虫を除いては、防除をしなくても木は枯れはせず成長も遅れはしない。しかし防除をしない木とよく防除した木とは別の成育体系に入ってしまうと思われる。

成育体系というと難しいが、それは木の「かたち」に現れる。無防除にして害虫が発生するままにしておくと、総葉数や樹幹の太さなどは同じでも、木の形がふつうの薬剤散布や剪定などの管理をしているものと違ってくる。もともと耕された畑に植えて肥料を施したミカンの木は、自然に山に生えて虫や病気がついても放っておいた木とは違ったかたちをしている。畑で栽培管理している木でも、防除して害虫の発生を抑えた木では病害虫は少なくなり枝葉はきれいだが、そのままにしておくと少数の若枝が長く伸びて大きな葉をつけ、放置するとその先がしだいに垂れ下がって横に大きく広がった木になる。こんな木は早くから剪定をして、夏・秋枝は取り除き木の形を整えなくてはならない。これでは防除して多くの葉を残しても、剪定によって切り取らなければならないために無駄になる葉がたくさんできる。これは栽培植物となってしまったミカンの木の宿命と言ってもよい。

無防除の木は細い若枝が多く叢生して上向きに伸び、一つひとつの葉は小さくて虫のために破れて縮れたものが多くなり、木全体がまるくこんもりしたまとまった形になる。果実のつかない夏・秋枝が多くなって、木は大きくても果実は少なくなり、その果実も小さくて果皮が硬い食べにくいものになる。おそらくこれはミカンの

227　18章　害虫の被害とミカンの木──ミカンの木の「自然」とは

図59 ミカン園に導入するテスト中のスピードスプレヤー

野生の木に近くなったものと推定されるが、山の中に自生している木とも違ったかたちをしている。このような無防除の木を剪定して夏・秋枝を除去すると細い枝がまばらに立った貧弱な木になる。これを補うために肥料を多くやれば、ますます秋枝が伸びて実のつかない木になる。

防除した木と防除しない木の成長を見ていると、栽培しているミカンの木はその管理の仕方全体と切り離せない。それは多肥、剪定によって自然状態とは違った木の形、葉の大きさ、成長形式になった、人間の嗜好にあう果実を生産するために変形された植物なのである。つまり野生植物という一つの完結したシステムから、栽培植物という別の一つの完結したシステムに切り替えられたもので、病害虫から葉を保護して葉数を増やし、樹木としての生産活動を高めるのがよいといった単純な見方では対応できるものではないことがわかった。

さらに、ミカンの木はミカン園にまとまって栽培されている。そのミカン園はミカンの木ばかりではなく多くの動植物と共存している。ミカン園のミカンをめぐる生物社会がまた別の体系をもっている。ある時期に一部の産地で行われた10アール当たり16本程度の少数の大木仕立ては別として、ふつうのミカン園では樹冠は一続きになって、園全体が一つのまとまった環境をつくる。この木の集団は1本ずつの木とはまた違ったものになる。それはおそらくは自然の森林とも違ったシステムをもっているだろう。

この研究では、群集生態学で扱う群集構造や種間関係を直接には取り上げなかった。多くの生物的・非生物的要因の総合的な働きが、木の成育という一つの形として現れることに期待した。それによってまずこの生物群集の中心になるミカンの木の成長と生産の実態を把握して、そのうえに立ってミカン園群集を理解しようと考えた。

私は病虫害防除の研究から入ったが、それに止まってはいられなくなった。栽培植物であるミカンと、その成育の場としての果樹園というシステムを人間のつくった新しい自然として、そのあり方を考える必要を痛切に感じるようになった。いったん栽培植物のシステムに入ったものは、元の原生の自然のシステムには戻れないだろう。人間とともに生きる果樹園という第二の自然にどう位置づけられるか。それは単に「自然に帰れ」といったようなものではない全く新しい自然の設計であろう。私はこれらのデータを整理しながら考え続けた。病害虫防除と農薬使用がそのなかでどう位置づけられるか。それは単に「自然に帰れ」といったようなものではない全く新しい自然の設計であろう。私はこれらのデータを整理しながら考え続けた。

研究を中断しなくてはならなかったことである。私が長崎県を離れるときに、最も心残りになったのはこの対象としたものとなっていくことが予想された。これはその後30年近くなって環境問題の大きな課題となってきた「自然—人間共生系」の基本に触れる方向であったことを、今になってあらためて感じる。

注33 スピードスプレヤーは薬液タンクと噴霧装置を一体とした農薬散布機械で、車輪をつけてトラクターで牽引する型と、直接にトラクターに搭載した型とがある。平地のリンゴ園などでは大型のものが多いが、傾斜地につくられているミカン園では作業道の関係から小型だった。SSあるいはSSrと略称されることもある。ヘリコプター、軽飛行機とともに広い農地で使用される大型散布機械の代表的なものである。

19章 害虫とただの虫 ── 3種のロウカイガラムシの比較

私は理学部の動物生態学から病害虫防除の仕事に入ってから、農作物害虫でない一般の昆虫のほうをよく知っていた。さらに病害虫防除の仕事に入ってから、農作物に加害すると言われている多くの昆虫のうちのごく一部の種だけが大きな被害を出すことを知った。なぜ虫によって作物の被害がこんなに違うのかとよく考えさせられた。これは病害虫防除の技術者としてではなく、生物学の研究者としての興味だった。

害虫も昆虫の一種である。それは他の種の昆虫と基本的に同じ構造の体をもち、同じような生理的条件をもっている。生き物としての虫の体の構造や機能を手がかりにして「これが大害虫だ」という決め手は見いだせない。

果樹園で害虫防除の仕事に取り組んでいるうちに、私は栽培植物（私の場合はほとんどミカンとビワ）につく虫の大半は実際の経済的な害を引き起こさず、一部のものだけが本当の意味での害虫と言ってもよいと考えるようになった。ちょっと見たところでは同じような形をして同じような生活をしている虫が、どうしてこう違うのだろうか。

本当の害虫とそうでないものはどこが違うのだろうか。それを知るには、系統的に近縁でよく似た形をしていて、食物や成長の仕方、発育期間などもほぼ同じ2種の虫で、一方が大害虫であり、もう一方がそうでないも

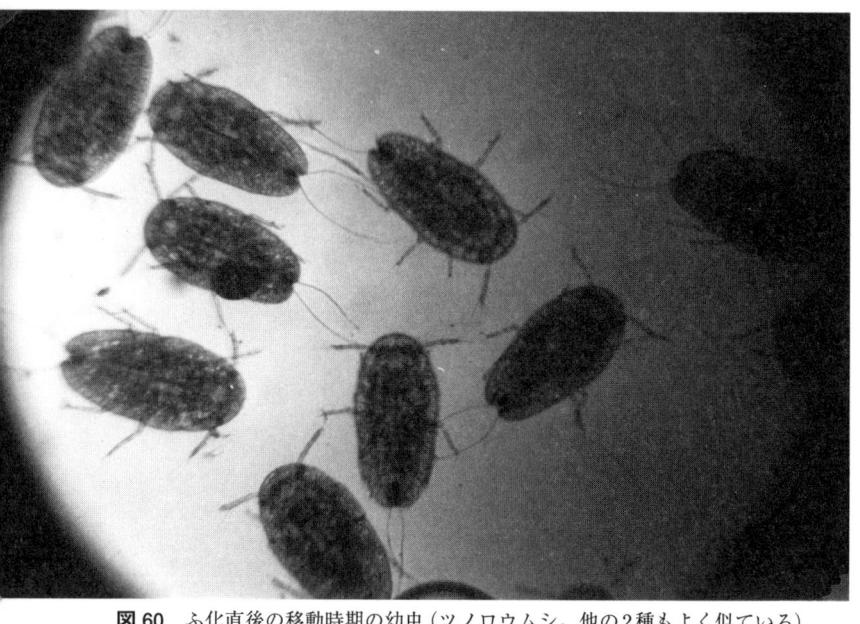

図60　ふ化直後の移動時期の幼虫（ツノロウムシ。他の2種もよく似ている）

のの一組を取り上げて、同じような条件で比較してみるのがよいだろう。

こうした研究では、害虫と害虫でないものと2種を比較することが多い。しかし私は産業的に大きな害を出す重要害虫と、無害とは言えないが産業的には問題にならない、いわゆる微害虫と、全く害を出さない非害虫の3種を比較することを考えた。研究の方法論としてはっきり違った二つの比較より、少しずつ違った性質をもつ三つの比較のほうが「害虫とは何か」という総合的な問題を解明するうえで、有効ではないかと思った。この三点比較法は、私がいろいろな研究をするうちにいつしか身につけた方法である。適当な材料も手元にあった。

それはいずれもミカンに寄生することができる日本のロウカイガラムシ属の3種であった。ロウカイガラムシ、略してロウムシと言われるこの虫はカイガラムシ類の一つである。カイガラムシはセミやアブラムシと同じ分類群（カ

メムシ目、ウンカ亜目）に属しているが、非常に特殊な生活をしている。ほとんどの種は一生の大半の時期を植物の枝葉や実の上に固着して、動かずに暮らしている。体は硬い貝殻のようなもので覆われ、その中にある軟らかい虫体は翅もなく脚も退化して形ばかりになっている。長い口針を植物の枝葉に突き立てて汁液を吸い続けている。動物ではなくて植物のような生活である。このことはヤノネカイガラムシの章（第3章）でも述べた。

植物のような生き方と言っても、動かなくてはならないときがある。それは繁殖のときと、新幼虫がすみ場所を探して定着するときである。両性生殖の生物では、繁殖のときは雄と雌のどちらかあるいは両方が動いて一緒になるか、何かの手段で精子を卵子のところへ送らなければならない。また、生まれた個体が自分のすみつく場所を決めるためには、親を離れてどこかへいかなくてはならない。植物の場合、同じ花の中に雄しべと雌しべがあって自家受粉するか、風や花粉媒介動物の力をかりて雄花から雌花へ運んでもらうために、これも風や水や動物の力をかりて運んでもらうように、種子の形や性質にいろいろな変化を生じている。こうした植物の繁殖と分散移動の工夫は繁殖戦略の一部として、進化生態学の面から大きな研究分野となっている。

移動しない動物であるカイガラムシは、独特の受精、分散戦略をもっている。大半のカイガラムシでは雌はいったん定着すれば一生その場所から動かない。一方、雄は成虫となると翅が生えて飛び出す。それは幼虫時代と同じような形で固着している雌成虫のところへ飛んでいって交尾する。そうして受精した雌は母虫の殻との隙間に卵を産み出す。殻の下に保護されてふ化した幼虫は母親の殻から抜け出して歩いてあたりの枝葉に広がり、または風に吹き散らされて近くの木に移る。動物に運ばれるものもあるかもしれない。この小さな移動期幼虫は種類によって違った形をしている。

ロウムシ類はカイガラムシとして珍しく硬い殻をもたない。その代わりに厚い蝋物質で虫体を包んでいる。こ

の蝋物質はルビーロウムシのように硬くて針でつついても壊れないものから、ツノロウムシのようにごく軟らかくて指で触ってもすぐに変形するものまである。日本には4種のロウムシがいる。このうち琉球にだけいるフロリダロウムシを別にすると、北海道を除く本州、四国、九州とその周りの島々に3種が広く分布している。その3種はよく似ているが、詳しく見るといろいろと違ったところがある。各種の比較をすると、表7のようになる。

この3種の生態を比較してみると、その生活史や1年に繰り返す世代の数、発生する時期などがほぼ同じでも、生き方や増え方には微妙な違いがあることがわかる。これが本当の害虫であるかないかかかわっているらしい。

私たちの研究はまずこれらの3種のロウムシを飼育することから始まった。このロウムシ類は私が大学院で研究したことがあるので、飼育の基本的な方法はすでにわかっていた。これは飼育の容易な虫であった。

まずミカンの若木の鉢植えをたくさんつくり、この虫のふ化時期の少し前の5～6月にこれらのカイガラムシの雌の成虫がついている枝を実験用の若木の幹に結びつける。そうするとこの成虫の蝋殻の下でふ化した一齢幼虫がはい出して木に登り、葉や若枝にくっついて樹液を吸い始める。そうして秋の半ばころになると成熟して雄の羽化が始まる。雄は飛び出して雌のところへいき交尾する。交尾をすませた雄はすぐに死んでしまう。受精した雌はそのまま越冬に入る。秋遅くなると、3種のロウムシ類のうちでカメノコロウムシだけは歩き出して葉から枝に移る。固着生活をしているカイガラムシの雌が歩くことができるとは知らない人が多いが、定着してから半年ほどは全く動かない。しかし他の2種は全く動かなかったこの虫の脚はちゃんと働いて、ゆっくりと歩きながら枝に移る。カメノコロウムシの秋の移動は、この種類が元来はカキのような落葉樹で進化してきたことを推定させる。落葉樹の葉についたままでいると、秋になって葉ごと地面に落ちて、死んでしまうからである。

第2部「病虫害とは何か」を考えながら　234

表7　日本（本州・四国・九州）に分布するロウムシ3種の比較

	ルビーロウムシ	ツノロウムシ	カメノコロウムシ
来歴	明治中期の侵入種。1986年長崎で初めて発見	日本在来種あるいは古い時代の侵入種	日本在来種？
日本での分布	東京・福井以南。年平均気温14℃線より南	宮城・山形以南。年平均気温11℃線より南	岩手・秋田以南。年平均気温10℃線より南
日本での主な寄生植物	ミカン、カキ、チャ、モチノキ、ゲッケイジュ、ツバキ	カキ、ミカン、チャ、ツバキ、サザンカ、サカキ、ハゼ	カキ、ミカン、チャ、サキ、モチノキ、ツバキ
主な生息環境	果樹園、廃園	果樹園、庭園、街路樹	庭園、果樹園
山林・原野の生息例	あまり多くない	かなり生息する	ほとんど見られない
ミカン園における発生状況	一般には少ないが、一部の園や木に集中寄生していることがある。かつては大害虫であった	広く見いだされるが、生息密度はごく低い	ふつうは寄生していないが、ごく稀に局地的に発する
年間世代数	1	1	1
幼虫のふ化時期	7月	6～7月	6～7月
幼虫の行動	幼虫定着後は動かない	幼虫定着後は動かない	雌成虫は秋になると葉から枝へ移動する
成虫の性比	雌の比率がかなり高い	ほとんど全部雌である	雌の比率がやや高い
害虫としての評価	かつて大害虫であったがルビーアカヤドリコバチが増えてから、被害は減少した	どこでも発生し、よく目立つが、実害は少ない	通常はごく少なく実害ないが、時折、局地的大被害を出す
1970年代の全国的な増減の傾向	小地域ごとに小刻みな増減を繰り返している	増加の傾向がある。特に都市周辺でその傾向が著しい	安定しているか、わずかに増加しているようである
記録された天敵	寄生蜂　8種 捕食虫　1種	寄生蜂　3種	寄生蜂　5種 捕食虫　1種
葉面寄生の場合の主脈選択傾向	いくらかある	強い	なし

図61 実害の大きいルビーロウムシ

こうして冬を越したロウムシは、次の年の晩春から初夏にかけて殻の下に産卵する。この時期のロウムシを枝から引き離すと、殻の下からバラバラと薄紅色の卵がこぼれることがある。この卵の数を数えることによって、これら各種の産卵能力を知ることができる。

ロウムシの飼育ができることを確認したうえで、いよいよ生態の比較研究に取りかかった。

この研究では3種の増殖能力と死亡状況を同じ条件下で比べることとした。条件としては試験用の鉢植えの半分をミカン園と同じように野外におき、半分を天井がガラス張りの網室においた。網室においたのは、雨の影響がなくかつ天敵が少ない生息環境を想定したものである。

実験は1968年から始まった。1年たつと、雌成虫1個体当たりの産卵数、

第2部 「病虫害とは何か」を考えながら 236

図62 ツノロウムシ。実害は小さいが、虫が白く大きいので目立つ。小さくて孔のあるものはコバチに寄生されて死んだ個体。孔はコバチの脱出した跡

卵のふ化率、ふ化した一齢幼虫が植物上に落ち着く定着率、それが成長して成虫になるまでの幼虫期の死亡率、越冬中の死亡率、成虫した雌成虫のなかのどれだけが産卵するかという産卵虫率などが次々にわかってきた。幼虫期の死亡の原因についてもある程度の資料が集められた。3年間のデータをまとめると大体次のような結果となった。

このロウムシの雌成虫1個体当たりの産卵数は種によってかなりの違いがある。ツノロウムシが最も多く平均3363・8、カメノコロウムシがそれに次いで1258・3、ルビーロウムシが最も少なくて375・8だった。

これら3種の卵は母親の殻の下で保護されているためかほとんど全部がふ化して、種による違いは見られない。

これらの3種の幼虫の成育中の減少つま

237　19章　害虫とただの虫 —— 3種のロウカイガラムシの比較

図63 ロウムシ類の個体群生態の比較試験。網室内の試験区

り死亡率を見ると、成育の初期にかなり多く死ぬが、その後は少しずつ減っていく。これはいろいろな実験を繰り返しても変わらない。そうして最後に産卵する成虫になるまで生き残る率は、野外の条件下でルビーロウムシが1・25％、カメノコロウムシが0・5％、ツノロウムシが0・003％という低い数字になる。

この結果を総合的に見るとツノロウムシはたくさんの子を産むが、ごく一部しか次世代をつくらない多産多死型、ルビーロウムシは反対に産む子の数は少ないが育つ率は高い少産少死型、カメノコロウムシはその中間になる。

私は果樹園などでこれらのロウムシの発生を見る機会が多かった。ミカン園の場合、ルビーロウムシははじめごく少数の虫が見つかってから、毎年確実に少しずつ増えていく。ある程度増えると天敵のルビーアカ

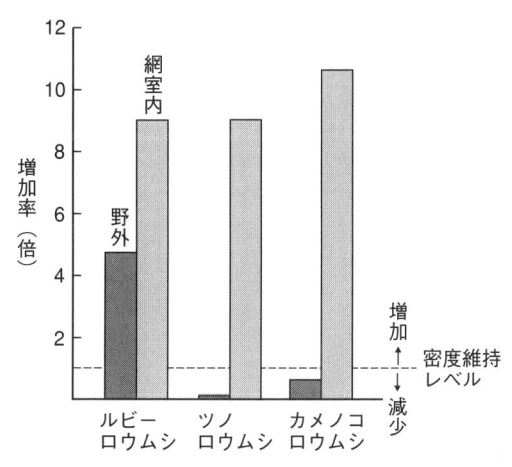

図64 ロウムシ3種の野外および網室内（無降水）における増加率

ヤドリコバチが寄生し始めてまた減ってしまうことも多いが、コバチがつかない場合には3〜4年ですす病や部分的な枝枯れが発生して、農薬による防除が必要になる。それに対してツノロウムシは虫体が大きくて純白であるためによく目立つが、虫の数はいつもごく少なくて、ほとんど被害は出ない。一方、カメノコロウムシはふだんミカン園ではほとんど見かけられないが、稀に地域的に集団発生して被害を出すことがある。私は1968年ころに壱岐の石田村でこの集団発生を見た。そのときはミカン園だけでなく周囲の山林中のツバキや野生のカキなどにもたくさんついて、ミカン園での発生というよりはそのあたり一帯の植物群落全体での集団発生の一部がミカン園にも広がったように見えた。この3種に見られる発生の型と成熟するまでの生存率、産卵数で示される繁殖能力をまとめてみると表8のようになる。

これで見ると、形態や生活史のうえではよく似ているこの3種の生態がそれぞれに特徴をもっていることがわかる。なかでも害虫として最も問題となるルビーロウムシが産卵数では最も小さいことが注目される。産卵数が大きいことが重要

239　19章　害虫とただの虫——3種のロウカイガラムシの比較

表8　ロウムシ3種の害虫としての特徴と増殖上の特性

種名	害虫としての特徴	成虫までの生存率	繁殖能力
ルビーロウムシ	常発生・大害虫型	高	低
ツノロウムシ	微害虫型	低	高
カメノコロウムシ	潜在的・大害虫型	中	中

表9　ロウムシ3種の一世代の増加率

種名	条件	母虫数	総産卵数	生存率	新母虫数
ルビーロウムシ	野外	100	37,580	1.25	469.8
	網室	100	37,580	2.41	905.7
ツノロウムシ	野外	100	336,380	0.003	10.1
	網室	100	336,380	0.27	908.3
カメノコロウムシ	野外	100	125,830	0.05	62.9
	網室	100	125,830	0.84	1,057.0

　害虫の条件ではなくて、重要害虫はむしろ産卵数があまり大きくないのではないかとも考えられる。

　これらは野外での実験であった。ところがこれが雨のかからない、天敵の少ない網室の中ではかなり違う。3種とも網室内では成育中の死亡が減るが、その減り方が種によって著しく違っている。網室内での数の減り方で見ると、野外に比べて3種とも幼虫期の死亡率が低下して、そのために成虫になるまで生き残る個体数が増えるが、特にツノロウムシとカメノコロウムシでその増え方が顕著である。これらの産卵数と生存率の組み合わせから一世代の増加率、つまり産卵雌1個体から次の世代の産卵雌が何個体できるかを計算してみると表9のようになる。

　この表を見るといろいろなことがわかってくる。

　ふつうの野外条件下ではルビーロウムシは一世代でほぼ5倍になる。一世代が1年だから1年に5倍ずつ増えていくことは、昆虫としてはあまり高い増加率とも思われない。重要害虫の増加率がこのくらいであることは、先に述べたように重要害虫が必ずしも大きな産卵数をもっていないこととあわせて、注目すべき事実だろう。別に調

査したミカンの最大の害虫であるヤノネカイガラムシの増加率もこれくらいである。このルビーロウムシの増加率が他の種に比べて高いのは、幼虫期の死亡率が相対的に低いからである。それで幼虫期の始めと終わりに2回の寄生活動をする天敵のルビーアカヤドリコバチが、ルビーロウムシの個体数の増加を抑えるうえで非常に効果があるのだろう。

ツノロウムシとカメノコロウムシの増加率はさらに問題である。この2種の野外条件での増加率はどちらも1・0以下である。ということはこれらの虫は野外では増えないどころか、年々前世代の半分あるいは10分の1程度になっていき、そのままでいけば絶滅してしまうことになる。この実験条件はふつうのミカン園に比べてもロウムシ類にとって不利な条件であったとは思われないし、実験中のロウムシの密度も実際のミカン園と比べて異常な高密度あるいは低密度ではなかった。それなのになぜこのように想像しにくい結果が出るのだろう。

この疑問を解決するうえで大きな暗示を与えるのが、網室内の実験である。ここでは他の条件がほぼ同じなのに、3種とも野外に比べてはるかに高い増加率を示した。しかもそれが種によって大きく異なっていた。野外でも増えていくことができるルビーロウムシの増加率は網室内では野外の2倍にすぎないのに（それでも1年に約10倍の増加率は大きいが）、カメノコロウムシではそれが18倍、ツノロウムシに至っては実に90倍にもなる。

これから見てツノロウムシやカメノコロウムシは野外のふつうの条件のもとでは増えられないけれども、何か好適な環境条件に出会うと著しく増えることができる能力をもっているらしい。だから野外でもふつうの年には減少していく個体群が何年かに一度好適な条件に恵まれるか、または生息している地域の一部に好適なところがあればそこで個体群は速やかに回復し、時には大発生もできるのではないかと想像される。いわば毎年降っても照ってもコツコツと堅実に稼いで増やしていくような生き方と、普段は損ばかりしているがときたまにツキが回ってきた機会に大きく稼いでしばらくはそれで食いつないでいく生き方とがあるように思える。そうして重

241　19章　害虫とただの虫 ── 3種のロウカイガラムシの比較

図65 カキの木に大発生したツノロウムシ

要害虫の多くはこの堅実なサラリーマン型のものらしい。しかしふだんはほとんど問題にならないギャンブル狂型の虫もたまにはツイた年には大きな被害を出す害虫になるのではないだろうか。この結果を見ても一つ興味があるのは、この3種とも好適な条件（網室内を風雨や天敵の圧力から解放された、種にとって好適な条件とすればれ）のもとでの増殖率が一世代について9～10倍というよく似た値になることである。私は、系統や形態および生活様式が同じような虫は理想的な条件では同じ増殖力をもつ一つの原型に近づくのではなかろうか、などと空想することがある。

このロウカイガラムシの比較生態学的研究は、長崎県の産業の切実な問題から離れた、いわば私のアカデミックな興味から進めたものだった。本来は大学か国立研究所で取り上げるテーマである。基礎研究が

第2部 「病虫害とは何か」を考えながら　242

あってはじめて応用技術が発展するとよく言われる。しかし農業技術は農業の現場で10年近く仕事をしているうちに、私はこのような考えに疑問をもつようになっていた。農業技術は農業のなかでしかつくられないものではないか。その理論も体系も、別のところに基礎があるとは思われない。こうした当面の基礎的な役に立たない仕事も農業技術とは全く捨ててしまうことは、思いがけないところでつながっているような気がする。私は忙しい毎日の仕事のなかでこの実験をさらに続けた。

問題は二つあった。一つはロウムシの個体群を制御する条件の具体的な分析である。天敵と雨の影響を知ることが次の目標となった。私は天敵のコバチの寄生率のデータを集めると同時に、予算が幸いに認められたので人工降雨設備をつくることにした。それまでは網室内で散水設備を使った降雨実験を進めたが、これではただ虫をぬらすだけであった。高空から落ちてくる雨粒のもつ物理的な衝撃は与えられない。高い降雨塔の上から大粒の水滴が降ってくるような施設の設計と建設のために私は全国の降雨施設を見学し、専門家の話を聞いて勉強した。この塔ができたのは私の転任の直前である。

もう一つの問題はミカン以外の植物におけるこの3種の個体群の生態である。ミカンの木におけるツノロウムシとカメノコロウムシの成育期の高い死亡率は、はたしてこれらの種のノーマルな状態だろうかという疑問が私の頭にあった。例え何年かに一度の好適な条件に恵まれるにしても、ツノロウムシのように年々10分の1になっていくなら、個体群の存続する可能性はあまりにも小さい。これはミカンが本来、これらの種の寄主として不適当であって、もっと適当な寄主植物があるのではないかと思われる。このためにもっと別の種の植物、例えばハゼやカキなどで同じ実験を繰り返してみたいと私は考えていた。しかしミカンとビワを主体とする私たちの

243　19章　害虫とただの虫 —— 3種のロウカイガラムシの比較

試験場では、このような試験は難しい。適当な機会にこの実験をしようと思いながらついに着手できずに終わった。

農業害虫とはどういうものかを知るために計画された研究はその後も世界各地でいろいろな形で進められている。私がこの研究を中断してからこの初版の原稿を書いた１９９０年までにもう20年以上たっていた。このような研究はそれに適した施設つまり試験園や飼育室があり、現場の経験をもった研究者のいる試験場でないと進められないが、このようなタイプの実験は、農業における当面の問題を解決することを要求される農業試験場のテーマにはなりにくいという矛盾をもっているように感じている。

あとがき

 1971年（昭和46年）の秋に私は長崎県総合農業試験場果樹部（注34）を退職して、金沢大学理学部に移った。それは私にとって、農業技術の現場から別れることであった。それは私がこの仕事がいやになったからではなかった。私はずっと農業技術の現場が好きであったし、そこでまだやりたいことも多く残っていた。それにもかかわらず、私がこの農業技術の試験研究の仕事から離れる決心をしたのは、三つの理由からだった。年齢とともに低下する自分の体力への不安、応用の現場でますます実感するようになった基礎科学への指向（注35）、そうしてマンネリズムの回避の三点である。

 私はこの1960年から1971年までの11年、ほとんど休みなく働いてきた。研究室の管理運営と仕事の方向づけ、自分自身の受けもった試験研究、そうして国や県の農林行政、普及についてのさまざまな連格調整の仕事があった。勤務時間のほとんどはこのためにあてられた。この間に私は6冊の本と100を超える論文、解説を書いたが、それは主に夜と休日を利用したものだった。40歳に近くなるとこれだけの仕事を続けるにはやはり体力の限界を感じるようになった。今までのようなペースで仕事を続ける自信がなくなってきた。

 一方、私はこの間に自分の仕事を通じて毎年集まってくる膨大な現場のデータを、もう少しよく考えてみたいという気が日ましに強くなってきた。これらのデータは毎年の年度末に業務報告として簡略にまとめていた

が、そのなかにはもっとよく解析すれば農業技術だけでなく生物学、生態学の基本的な問題に触れるものがいろいろとあると感じてきた。実用の現場に深く入れば入るほど、基礎的な生態学をもっと基本的に進める必要を感じた。具体的には国立の試験場から大学へ移ることだった。

私はこの経験を生かすために、もう一度基礎的な学問の場への復帰を考え始めた。

同時に私はまた、まったく別の方向として、ここで試験研究の場から離れてみることも考えていた。それは学問の場への復帰がいろいろな事情で難しい場合には、このままここにいるよりも自分の位置を変えてみることだった。それは長い間同じところにいることによって、いくら自戒しても陥りやすい思考と行動のマンネリズムからの脱却が必要と思ったからだった。前年のビワの薬害問題の本当の原因は、私自身のなかに知らずしらずの間にしみついた思考の固定化ではなかったかという気持ちがあった。私はもう一度農業を別の角度から見るために、県の行政あるいは普及の部門に転出してもよいかと考えた。私の立場からすれば、まず県内の離島である壱岐か五島の支庁の農産課あたりに転出することが適当ではないかとも考えた。それで各地の大学で私にむくようなポストの公募があれば応募する一方、技術普及や行政の勉強も始めていた。そのなかで金沢大学へ転出する件が具体化したので、私は学問の道を選択したのだった。

金沢に移ってから20年ちかくの間に（注36）、私の仕事の方向も大きく変わった。しかし、現在の私の学問上の思考のもととなった長崎のミカン園での経験を忘れたことはなかった。私が何らかのかたちで報告する責任をもっている長崎での仕事のいくらかはその後まとめることができたが、まだ多くは未整理の資料のまま私のメモと記憶の中に眠っている長崎での仕事のいくらかはその後まとめることができたが、まだ多くは未整理の資料のまま私のメモと記憶の中に眠っている。ここで私が死んだら、これらのさまざまな事柄は永久に人に知られずに埋もれてしまうだろう。そこで私の50歳代の最後の年に、そのいくらかでもまとめて残そうとしたのがこの本である。

あとがき　246

同時に、私が農業技術の分野にいたころから大きな社会的問題であり、現在ますます重要な環境問題の一つとなってきている農薬と病害虫防除について、私は折りにふれて発言しなくてはならないことを感じていた。それもこの場合、私がこれについて考える際の原点ともいうべきものについて、ここではっきりさせておきたい。この本を書いた一つの動機であった。

この本に書いたことは、私自身にとっては忘れられない切実な経験であったが、その多くは20年以上も昔のことである。それらを書き残すことが現在のように変化が速く、忙しい社会にどのような意味があるかとも考える。しかし農業や農薬に関して行われている現在の論議をみても、私が農業技術の世界にいていろいろと悩み、考えを積み重ねてきたころとあまり変わっていないように思われる。むしろ、農業に対する世間の関心が薄れただけ、論議も本質的な面では低調になったようにも思われる。これについて言いたいことは多いが、そうした論議を展開するに先立って、私がなぜそのような考えをもつにいたったかを、私が農業に生活をかけ、また農業技術の改良と普及に精根を傾けている人たちの間で学んだ原体験から書いてみたかった。

ここに書かれている多くの体験は、普通には「なま」の声としては出てこないものである。多くの事実を、しかもそれにかかわった人の実名で書くことは、それらの人たちのしたことが農家の生活向上を願う善意の結果であり、またそのときの社会情勢と技術水準からしてやむを得ない判断に基づくものであったとしても、やはりさまざまな形で差し障りのあることであった。20年の歳月は、それをいくらかでも冷静に受けとめてもらうために必要だったのかもしれない。この本のなかで私が書いたたくさんの人たちはすべて私にとってかけがえのない人生の師といってもよい。書かれた御本人には思いがけない、あるいは意に満たない書き方だったかもしれないが、それについては心からお詫び申し上げるほかはない。それに対して、動植物の自然の成長と季節に縛られる農業技術の改善には一定の時間が社会の変化は速い。

かかる。現在のバイオテクノロジーの発展はその拘束をかなり解消してきたが、そこで得られた成果を野外で展開されている農業のなかに定着させるにはまだ多くの困難がある。また安易に適応させる別のより大きな困難を起こすかもしれない。新しく開発された科学技術を農業と自然・社会環境のなかに適応させる仕事には時間がかかり、ようやく一つの技術体系が完成したときには、その技術を必要とする社会的条件がなくなってしまっていることも多い。農業技術改善はそうした徒労の繰り返しに終わることがますます増えていくのではないだろうか。私は長崎県在任の終わりころには、このようなことを体験して、いくたびも心のなかに虚しさをかみしめてきた。

私は長崎を離れた18年後の1988年（昭和63年）の冬に、わずか3日間であったが長崎県のミカン産地を訪れて、私がここを離れてからのミカン産業と病害虫の発生状態の変化を聞き、また見ることができた。伊木力などの古くからの歴史の長い産地は今も続いていたが、私の在任中につくられた松浦や島原の新興産地の多くは消滅してしまっていた。かつて現地の農家と技術者がたいへんな労力と生活を切りつめてつくり出した資金をかけて造成し、植えつけたミカンの木が切られ、普通の畑や山林に戻っていくミカン園を目にした。当時の農業構造改善事業に参加した人たちの、新興ミカン産地の発展にかけた熱意と努力は何だったのだろう。大きな農業政策と社会の動きのなかにもてあそばれているようなミカン農家とミカン園のことが忘れられない。このようなことはしばしば政策の失敗として非難される。そのような面も確かにあるが、それだけでは片づけられないと思う。それはまた、当時から今までの現場の農家や技術者の人たち、あるいは政策の立案にかかわったいろいろな段階の人たちが、不真面目であったとか無能であったとかいうことでもないだろう。

私は今、こうした日本の農業の姿をある程度、距離をおいて見ることができる立場にある。そうしてこれからの日本の農業の能力の限界を示しているもののように思われる。

あとがき 248

この本の初版は、私が60歳になった記念に書いたものだった。自費出版という経費のうえでの制約もあり、特に写真などは不完全でわかりにくいものが多かった。また、農業技術者・生態学研究者と、農業に関心がある一般読者の両方に読んでもらいたいと思って、書き方や焦点が分裂していた。一般向けに出した部数も500部というわずかなもので、現在では私の手元にもほとんど残っていない。

私としてはこの本で取り上げたテーマを、さらに20年がすぎてすっかり替わってしまった人たちに残すために、現在の社会と農業、さらにミカン産業にあわせて修正、改訂しておきたいといつも思っていた。しか し日本と世界の農業を取り巻く環境の激変のために、それは時とともに難しくなってきた。

この本で取り上げたのは1960年代を中心とした、日本がまだ高度成長に入る直前から成長が始まった時期の、社会と農業を背景とした長崎県の果樹農業のなかで私が経験したことである。その後の40年間に、日本と世界のありさまは大きく変わってしまった。農業そのものが人類史のなかで担ってきた役割の功罪が、あらためて問われる現在である。それは、今の果樹産業の現場で苦闘しておられるより若い生産者と技術者の人たちに期待する。日本の農業、特にミカン・ビワ産業の現在と将来を描こうとすれば、全く新しい形が必要である。

1990年3月31日

らもこの立場をいかして、何とかして日本の自然と社会環境のなかに定着し、人間生活と共存する農業のあり方を求めていきたいと思っている。それは徒労に終わっても悔いはしない。そのような気持ちで私の30歳代の11年間のすべての歳月と生を埋めた長崎県のかつての1万3千ヘクタールのミカン園とビワ園（注37）のことを今も考え続けている。

私としてはこの第二版の本文ではわかりにくい言葉や文章の訂正にとどめ、その後の変化については若干の注をつけ、また、この本を農薬をめぐる環境問題に関心をもって読まれる人たちの参考とするために、序章を付け加えた。そうして20世紀から21世紀にかけての60年余りを環境科学者と農業技術者として生きた私の、長崎県における11年の経験と思いを記録した個人史として読んでいただきたいと思っている。

1990年に出したこの本の初版について各方面からご批評、ご意見を下さった多くの方々、特に消費者の目で読んで丁寧なご意見を下さった安藤紫さんに厚くお礼申し上げる。

2010年6月

大串龍一

注34　長崎県における私の職場の名称は、長崎県農事試験場大村園芸分場、長崎県総合農林センター果樹部、長崎県総合農業試験場果樹部、となっているが、すべて同じ所で、名前だけが変わったものである。現在では長崎県農林技術開発センター果樹研究部門、となっている。

注35　私は基礎科学が応用科学より優位にあるとは今でも思っていない。応用科学は決して「基礎科学の応用」ではなく、それ自体が独自の理論と体系をもった一つの学問であると考えている。しかし基礎科学から接近するほうが、問題の解決により有効な場合もしばしばあった。

注36　この記述は1990年時点のものであり、さらに20年が経っている。

注37　2007年現在の長崎県の果樹栽培面積は約5千ヘクタールになっているようである。最盛時の1万3千ヘクタールの栽培面積を維持することは、経営的にも技術的にもかなり無理であったらしい。日本における農業全体の地盤沈下も合わせて、果樹産業におけるこの推移を記録し、なぜそうなったかを全国的あるいは世界的視野のなかで考えることはこれからの課題である。

あとがき　250

■ 著者紹介

大串龍一（おおぐし　りょういち）理学博士

1929年　徳島市で生まれる
1953年　京都大学理学部動物学科卒業
1958年　京都大学大学院理学研究科単位取得退学
1958年　京都府衛生研究所環境衛生課
1960年　長崎県農業試験場果樹部
1962年　長崎県総合農林センター果樹部環境科長
1971年　金沢大学理学部教授
1995年　金沢大学定年退職
1995－1997年　国際協力事業団派遣専門家として、インドネシア
　　　　西スマトラ州パダン市に駐在
　　　　インドネシア国立アンダラス大学客員教授

現　在　金沢大学名誉教授　NPO法人河北潟湖沼研究所理事

主な著書
『ミカンの病害虫―防除のすべて』（農山漁村文化協会　1966）
『柑橘害虫の生態学』（農山漁村文化協会　1969）
『農薬なき農業は可能か』（農山漁村文化協会　1972）
『生物的総合防除』（共立出版　1974）
『水生昆虫の世界―流水の生態』（東海大学出版会　1981）
『セミヤドリガ』（文一総合出版　1987）
『栽培植物の保護』（農山漁村文化協会　1988）
『天敵と農薬』（東海大学出版会　1990）
『日本の生態学―今西錦司とその周辺』（東海大学出版会　1992）
『城跡の自然誌―金沢城跡の動物相から』（十月社　1995）
『病害虫・雑草防除の基礎』（農山漁村文化協会　2000）
『水生昆虫の世界―淡水と陸上をつなぐ生命』（東海大学出版会　2004）
『kupu-kupuの楽園―熱帯の里山とチョウの多様性』（海游舎　2004）
『日本の短い夏』（新風舎　2007、文芸社より再刊）
『山峡の空』（文芸社　2008）

天敵と農薬―ミカン地帯の11年 ［第二版］
2010年9月25日　初 版 発 行

著　者　　大串龍一

発行者　　本間喜一郎
発行所　　株式会社 海游舎
　　　　　〒151-0061 東京都渋谷区初台1-23-6-110
　　　　　電話 03 (3375) 8567　　FAX 03 (3375) 0922

印刷・製本　凸版印刷（株）

© 大串龍一 2010

本書の内容の一部あるいは全部を無断で複写複製することは、著作権および出版権の侵害となることがありますのでご注意ください。

ISBN978-4-905930-28-0　　PRINTED IN JAPAN